微分幾何

石原　繁／竹村　由也　共著

森北出版株式会社

まえがき

この本では曲線と曲面の微分幾何を述べている．大学初年級の課程で修得する微分積分の初歩と線形代数の初歩を出発点として論述を進めていくつもりである．微分幾何とは微分積分の方法を幾何学的問題に応用する数学の分野であり，古くは微分積分の発展にともなって進展してきたといわれている．現代的な微分幾何は，18世紀から19世紀にかけてのガウスによる曲面論の研究に始まるといわれている．他方において，19世紀になってガウスの曲面論を n 次元多様体に拡張することをリーマンが提唱し，いわゆるリーマン幾何の発展の基を築いた．さらに，20世紀になってアインシュタインが，一般相対性理論の記述にあたってテンソル解析を用いて微分幾何的手法を利用したことによって，高次元リーマン幾何の研究が盛んになった．

微分幾何を理解し，運用するためには，解析学，線形代数，位相数学などの知識と造詣が要求されるが，その要求を満たしてから微分幾何に進むという歩み方は，初心者にとって適当な方法であるとは言い得ないと考えられる．そこで，この本では曲線，曲面の理論を述べるにあたって，必要とする基本的事実，定理のうちにはその証明を省略したものがある．しかし，これらの定理の内容と意味を把握できるように配慮したつもりである．なお，本文でその証明が省略された事柄のいくつかの証明を付録に収めて，読者の便宜をはかった．また，興味ある話題であるが，本論を進めるのに必ずしも必要としないと思われるもの（§2.7，§3.6）がいくつか述べられているが，都合によってはこれらの話題を省略しても支障がないようにしてあるつもりである．本書が，微分幾何に初めて興味をもたれた方々のお役に立てば，著者等の望外の喜びであります．

この本の出版にあたって，原稿の整理，組版等について非常な御協力を下さった森北出版の編集部の方々に感謝の意を表します．

1987年11月　　　　　　　　　　　　　　　　　著　　者

目　　次

第 1 章　ベクトル

第 2 章　曲　　線

第 3 章　曲　　面

第 4 章　曲面の構造

第 5 章　曲面上の幾何

付　録

第 1 章　ベクトル

§1.1　ベクトル

空間のベクトルを肉太の文字 $\boldsymbol{a}$, $\boldsymbol{b}$, …, $\boldsymbol{y}$, $\boldsymbol{z}$, $\boldsymbol{A}$, $\boldsymbol{B}$, …, $\boldsymbol{Y}$, $\boldsymbol{Z}$ などで表す．零ベクトルを記号 $\mathbf{0}$ で表す．ベクトル $\boldsymbol{a}$, $\boldsymbol{b}$ の和 $\boldsymbol{a}+\boldsymbol{b}$, 差 $\boldsymbol{a}-\boldsymbol{b}$ および $\boldsymbol{a}$ の k 倍 $k\boldsymbol{a}$ についてはすでに知っているものとする．ベクトル $\boldsymbol{a}$ の成分が (a_1, a_2, a_3) であるとき，$\boldsymbol{a}=(a_1, a_2, a_3)$ と書き表す．さて，基本ベクトル $\boldsymbol{e}_1=(1, 0, 0)$, $\boldsymbol{e}_2=(0, 1, 0)$, $\boldsymbol{e}_3=(0, 0, 1)$ を用いて，このベクトル $\boldsymbol{a}$ を

$$\boldsymbol{a}=a_1\boldsymbol{e}_1+a_2\boldsymbol{e}_2+a_3\boldsymbol{e}_3$$

と書き表すことができる．ベクトル $\boldsymbol{a}$ の大きさを記号 $\|\boldsymbol{a}\|$ で表せば，

$$\|\boldsymbol{a}\|=\sqrt{(a_1)^2+(a_2)^2+(a_3)^2}$$

である．大きさが 1 であるベクトルを**単位ベクトル**という．

空間で原点を O とし，任意の点 $\mathrm{P}(x_1, x_2, x_3)$ に対してベクトル $\boldsymbol{x}=\overrightarrow{\mathrm{OP}}$ を点 P の**位置ベクトル**という．このとき，

$$\boldsymbol{x}=(x_1, x_2, x_3)=x_1\boldsymbol{e}_1+x_2\boldsymbol{e}_2+x_3\boldsymbol{e}_3$$

が成り立つ．空間の点 P とその位置ベクトル $\boldsymbol{x}$ は 1 対 1 に対応するから，空間で点 P を表示するのにその位置ベクトル $\boldsymbol{x}$ を用いることが多い．この意味で，点 P のことを点 $\boldsymbol{x}$ とよぶことがある．

§1.2　1 次独立・1 次従属

いくつかのベクトル $\boldsymbol{a}_1$, $\boldsymbol{a}_2$, …, $\boldsymbol{a}_k$ に対してベクトル

$$\alpha_1\boldsymbol{a}_1+\alpha_2\boldsymbol{a}_2+\cdots+\alpha_k\boldsymbol{a}_k$$

をその**1 次結合**という．ここで，α_1, α_2, …, α_k は数である．

いくつかのベクトル $\boldsymbol{a}_1$, $\boldsymbol{a}_2$, …, $\boldsymbol{a}_k$ に対して等式

$$\alpha_1\boldsymbol{a}_1+\alpha_2\boldsymbol{a}_2+\cdots+\alpha_k\boldsymbol{a}_k=\boldsymbol{0} \tag{2.1}$$

が成り立つのは，$\alpha_1=\alpha_2=\cdots=\alpha_k=0$ の場合に限るとき，$\boldsymbol{a}_1$, $\boldsymbol{a}_2$, …, $\boldsymbol{a}_k$ は**1次独立**であるという．また，等式(2.1)を成り立たせる係数 α_1, α_2, …, α_k で $\alpha_1=\alpha_2=\cdots=\alpha_k=0$ 以外のものが存在するとき，$\boldsymbol{a}_1$, $\boldsymbol{a}_2$, …, $\boldsymbol{a}_k$ は**1次従属**であるという．つまり，$\boldsymbol{a}_1$, $\boldsymbol{a}_2$, …, $\boldsymbol{a}_k$ が1次独立でないとき，これらは1次従属である．

特に，空間においては次の[1]～[5]が成り立つ．

[1]　1つのベクトル $\boldsymbol{a}$ は，$\boldsymbol{a}\neq\boldsymbol{0}$ であれば，1次独立である．

[2]　2つのベクトル $\boldsymbol{a}_1\neq\boldsymbol{0}$, $\boldsymbol{a}_2\neq\boldsymbol{0}$ は，平行でなければ，1次独立である．

[3]　3つのベクトル $\boldsymbol{a}_1\neq\boldsymbol{0}$, $\boldsymbol{a}_2\neq\boldsymbol{0}$, $\boldsymbol{a}_3\neq\boldsymbol{0}$ は，これらが同一の平面に平行でなければ，1次独立である．

[4]　4つ以上のベクトルは，1次独立になり得ない(演習問題1-B，3 (p.11)参照)．

[5]　空間で $\boldsymbol{a}_1$, $\boldsymbol{a}_2$, $\boldsymbol{a}_3$ が1次独立であれば，任意のベクトル $\boldsymbol{x}$ は $\boldsymbol{a}_1$, $\boldsymbol{a}_2$, $\boldsymbol{a}_3$ の1次結合 $\boldsymbol{x}=\xi_1\boldsymbol{a}_1+\xi_2\boldsymbol{a}_2+\xi_3\boldsymbol{a}_3$ として一意に書き表せる．

なお，上の[5]は[4]から導かれる(演習問題1-B，3 (p.11)参照)．空間で1次独立な3つのベクトル $\boldsymbol{a}_1$, $\boldsymbol{a}_2$, $\boldsymbol{a}_3$ の列 $\{\boldsymbol{a}_1, \boldsymbol{a}_2, \boldsymbol{a}_3\}$ を**基底**という．次の定理が成り立つ．

定理1.1　ベクトル $\boldsymbol{a}=(a_1, a_2, a_3)$, $\boldsymbol{b}=(b_1, b_2, b_3)$, $\boldsymbol{c}=(c_1, c_2, c_3)$ が1次独立であるための必要十分条件は

$$\Delta=\begin{vmatrix} a_1 & b_1 & c_1 \\ a_2 & b_2 & c_2 \\ a_3 & b_3 & c_3 \end{vmatrix}\neq 0 \tag{2.2}$$

である．したがって，$\boldsymbol{a}$, $\boldsymbol{b}$, $\boldsymbol{c}$ が1次従属であるための必要十分条件は

$$\Delta=0 \tag{2.3}$$

である．　◇

[証明]　$\boldsymbol{a}$, $\boldsymbol{b}$, $\boldsymbol{c}$ が1次独立であるとは

$$\alpha\boldsymbol{a}+\beta\boldsymbol{b}+\gamma\boldsymbol{c}=\boldsymbol{0}$$

が成り立つのは$\alpha=\beta=\gamma=0$のときに限るということである．したがって，$\boldsymbol{a}$, $\boldsymbol{b}$, $\boldsymbol{c}$が1次独立であるとは，連立1次方程式

$$\begin{cases} a_1\alpha+b_1\beta+c_1\gamma=0 \\ a_2\alpha+b_2\beta+c_2\gamma=0 \\ a_3\alpha+b_3\beta+c_3\gamma=0 \end{cases}$$

が自明な解 $\alpha=\beta=\gamma=0$ 以外の解をもたないことと同値である．ゆえに，線形代数におけるよく知られた定理によって，問題の必要十分条件は

$$\varDelta\neq 0$$

である．　◇

§1.3　内積・外積

内　積　ベクトルの内積について簡単に復習する．2つのベクトル $\boldsymbol{a}$, $\boldsymbol{b}$ の内積を記号 $\boldsymbol{a}\cdot\boldsymbol{b}$ で表す．2つのベクトル $\boldsymbol{a}$, $\boldsymbol{b}$ の内積は，$\boldsymbol{a}\neq\boldsymbol{0}$, $\boldsymbol{b}\neq\boldsymbol{0}$ ならば，

$$\boldsymbol{a}\cdot\boldsymbol{b}=\|\boldsymbol{a}\|\|\boldsymbol{b}\|\cos\theta \qquad (3.1)$$

である．ここに，θ は $\boldsymbol{a}$ と $\boldsymbol{b}$ の作る角である．$\boldsymbol{a}=\boldsymbol{0}$ または $\boldsymbol{b}=\boldsymbol{0}$ ならば，$\boldsymbol{a}\cdot\boldsymbol{b}=0$ である．さて，$\boldsymbol{a}=(a_1, a_2, a_3)$, $\boldsymbol{b}=(b_1, b_2, b_3)$ ならば，

$$\boldsymbol{a}\cdot\boldsymbol{b}=a_1b_1+a_2b_2+a_3b_3 \qquad (3.2)$$

である．特に，

$$\boldsymbol{a}\cdot\boldsymbol{a}=\|\boldsymbol{a}\|^2$$

である．また，$\boldsymbol{a}\neq\boldsymbol{0}$, $\boldsymbol{b}\neq\boldsymbol{0}$ について，次のことが成り立つ．

$$\boldsymbol{a}\cdot\boldsymbol{b}=0 \iff \boldsymbol{a}\perp\boldsymbol{b}$$

正規直交基底　3つのベクトル $\boldsymbol{u}_1$, $\boldsymbol{u}_2$, $\boldsymbol{u}_3$ がすべて単位ベクトルであって，これらが互いに垂直であるとき，すなわち

$$\boldsymbol{u}_1\cdot\boldsymbol{u}_1=\boldsymbol{u}_2\cdot\boldsymbol{u}_2=\boldsymbol{u}_3\cdot\boldsymbol{u}_3=1, \qquad \boldsymbol{u}_1\cdot\boldsymbol{u}_2=\boldsymbol{u}_2\cdot\boldsymbol{u}_3=\boldsymbol{u}_3\cdot\boldsymbol{u}_1=0$$

であるとき，$\boldsymbol{u}_1$, $\boldsymbol{u}_2$, $\boldsymbol{u}_3$ は1次独立である（演習問題1-B，4（p.11）参照）．このような基底 $\{\boldsymbol{u}_1, \boldsymbol{u}_2, \boldsymbol{u}_3\}$ を**正規直交基底**という．たとえば，基本ベクトルの作る基底 $\{\boldsymbol{e}_1, \boldsymbol{e}_2, \boldsymbol{e}_3\}$ は正規直交基底である．

外　積　2つのベクトル $\boldsymbol{a}, \boldsymbol{b}$ に対して次の条件(a), (b)を満足するベクトル $\boldsymbol{a}\times\boldsymbol{b}$ を $\boldsymbol{a}$ と $\boldsymbol{b}$ の**外積**という.

(a)　$\boldsymbol{a}\neq\boldsymbol{0}$, $\boldsymbol{b}\neq\boldsymbol{0}$ かつ $\boldsymbol{a}$ と $\boldsymbol{b}$ が平行でないとき,

(i)　$\|\boldsymbol{a}\times\boldsymbol{b}\|$ は $\boldsymbol{a}$ と $\boldsymbol{b}$ を2辺とする平行四辺形の面積に等しい.

(ii)　$\boldsymbol{a}\times\boldsymbol{b}\perp\boldsymbol{a}$,　　$\boldsymbol{a}\times\boldsymbol{b}\perp\boldsymbol{b}$

(iii)　$\boldsymbol{a}$ と $\boldsymbol{b}$ を同一の点を始点として書いたとき, $\boldsymbol{a}$ と $\boldsymbol{b}$ に平行な平面の内で $\boldsymbol{a}$ を180°以内回転させて, $\boldsymbol{b}$ に重ねるような回転を右ねじに与えると, 外積 $\boldsymbol{a}\times\boldsymbol{b}$ はこのねじの軸の進行方向に向いている.

(b)　$\boldsymbol{a}=\boldsymbol{0}$ または $\boldsymbol{b}=\boldsymbol{0}$ または $\boldsymbol{a}/\!/\boldsymbol{b}$ であるとき,

$$\boldsymbol{a}\times\boldsymbol{b}=\boldsymbol{0}$$

である.

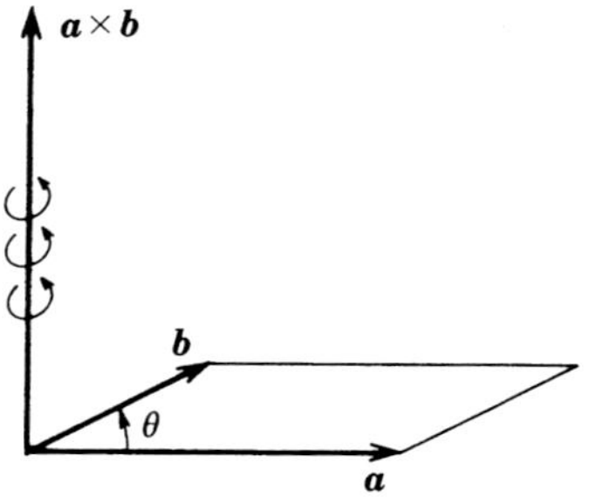

さて, 外積について次の演算法則が成り立つ.

$$\boldsymbol{a}\times\boldsymbol{b}=-\boldsymbol{b}\times\boldsymbol{a} \tag{3.3}$$

$$\boldsymbol{a}\times\boldsymbol{a}=\boldsymbol{0} \tag{3.4}$$

$$(k\boldsymbol{a})\times\boldsymbol{b}=\boldsymbol{a}\times(k\boldsymbol{b})=k(\boldsymbol{a}\times\boldsymbol{b}) \tag{3.5}$$

$$\boldsymbol{a}\times(\boldsymbol{b}+\boldsymbol{c})=\boldsymbol{a}\times\boldsymbol{b}+\boldsymbol{a}\times\boldsymbol{c}, \qquad (\boldsymbol{b}+\boldsymbol{c})\times\boldsymbol{a}=\boldsymbol{b}\times\boldsymbol{a}+\boldsymbol{c}\times\boldsymbol{a} \tag{3.6}$$

上の法則(3.3), (3.4), (3.5)は外積の定義を用いて容易に証明されるが, (3.6)の証明はかなり複雑であるので省略する(その証明については, 付録§1 (p.127)を参照).

特に, 基本ベクトルについて次の式が成り立つ.

$$\boldsymbol{e}_1\times\boldsymbol{e}_1=\boldsymbol{e}_2\times\boldsymbol{e}_2=\boldsymbol{e}_3\times\boldsymbol{e}_3=\boldsymbol{0}$$

$$\boldsymbol{e}_1\times\boldsymbol{e}_2=\boldsymbol{e}_3,\qquad \boldsymbol{e}_2\times\boldsymbol{e}_3=\boldsymbol{e}_1,\qquad \boldsymbol{e}_3\times\boldsymbol{e}_1=\boldsymbol{e}_2 \tag{3.7}$$

$$\boldsymbol{e}_2\times\boldsymbol{e}_1=-\boldsymbol{e}_3,\qquad \boldsymbol{e}_3\times\boldsymbol{e}_2=-\boldsymbol{e}_1,\qquad \boldsymbol{e}_1\times\boldsymbol{e}_3=-\boldsymbol{e}_2$$

上の(3.5)，(3.6)，(3.7)を利用すれば，$\boldsymbol{a}=(a_1,\ a_2,\ a_3)$，$\boldsymbol{b}=(b_1,\ b_2,\ b_3)$について次の計算をすることができる．

$$\begin{aligned}\boldsymbol{a}\times\boldsymbol{b}&=(a_1\boldsymbol{e}_1+a_2\boldsymbol{e}_2+a_3\boldsymbol{e}_3)\times(b_1\boldsymbol{e}_1+b_2\boldsymbol{e}_2+b_3\boldsymbol{e}_3)\\&=\ a_1b_1\boldsymbol{e}_1\times\boldsymbol{e}_1+a_2b_1\boldsymbol{e}_2\times\boldsymbol{e}_1+a_3b_1\boldsymbol{e}_3\times\boldsymbol{e}_1\\&\quad+a_1b_2\boldsymbol{e}_1\times\boldsymbol{e}_2+a_2b_2\boldsymbol{e}_2\times\boldsymbol{e}_2+a_3b_2\boldsymbol{e}_3\times\boldsymbol{e}_2\\&\quad+a_1b_3\boldsymbol{e}_1\times\boldsymbol{e}_3+a_2b_3\boldsymbol{e}_2\times\boldsymbol{e}_3+a_3b_3\boldsymbol{e}_3\times\boldsymbol{e}_3\end{aligned}$$

$$\therefore\quad \boldsymbol{a}\times\boldsymbol{b}=(a_2b_3-a_3b_2)\,\boldsymbol{e}_1-(a_1b_3-a_3b_1)\,\boldsymbol{e}_2+(a_1b_2-a_2b_1)\,\boldsymbol{e}_3$$

$$\therefore\quad \boldsymbol{a}\times\boldsymbol{b}=\begin{vmatrix}a_2 & b_2\\ a_3 & b_3\end{vmatrix}\boldsymbol{e}_1-\begin{vmatrix}a_1 & b_1\\ a_3 & b_3\end{vmatrix}\boldsymbol{e}_2+\begin{vmatrix}a_1 & b_1\\ a_2 & b_2\end{vmatrix}\boldsymbol{e}_3 \tag{3.8}$$

この(3.8)の右辺は，$\boldsymbol{e}_1$，$\boldsymbol{e}_2$，$\boldsymbol{e}_3$を数のように見て，次の行列式の展開式と考えると，記憶しやすい．

$$\boldsymbol{a}\times\boldsymbol{b}=\begin{vmatrix}\boldsymbol{e}_1 & a_1 & b_1\\ \boldsymbol{e}_2 & a_2 & b_2\\ \boldsymbol{e}_3 & a_3 & b_3\end{vmatrix} \tag{3.9}$$

例題 1.1　$\boldsymbol{a}=(a_1,\ a_2,\ a_3)$，$\boldsymbol{b}=(b_1,\ b_2,\ b_3)$，$\boldsymbol{c}=(c_1,\ c_2,\ c_3)$について

（1）

$$\boldsymbol{a}\cdot(\boldsymbol{b}\times\boldsymbol{c})=\begin{vmatrix}a_1 & b_1 & c_1\\ a_2 & b_2 & c_2\\ a_3 & b_3 & c_3\end{vmatrix} \tag{3.10}$$

を証明せよ．

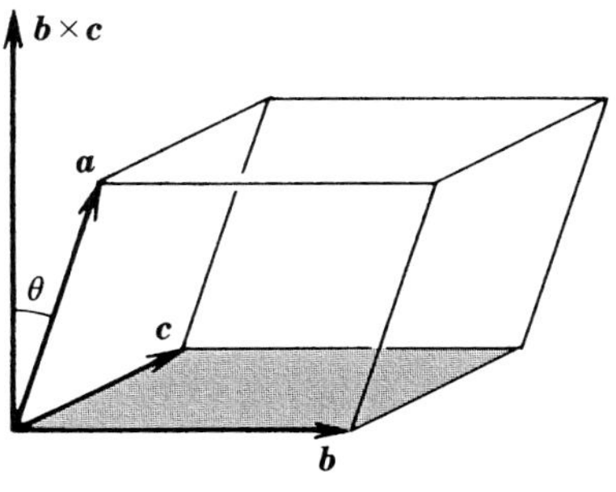

（2）　$\boldsymbol{a}$, $\boldsymbol{b}$, $\boldsymbol{c}$ が1次独立のとき，$\boldsymbol{a}\cdot(\boldsymbol{b}\times\boldsymbol{c})$ の幾何学的意味を述べよ．

（解答）　（1）　(3.2)と(3.8)を利用する．

$$\boldsymbol{a}\cdot(\boldsymbol{b}\times\boldsymbol{c})=a_1\begin{vmatrix} b_2 & c_2 \\ b_3 & c_3 \end{vmatrix}-a_2\begin{vmatrix} b_1 & c_1 \\ b_3 & c_3 \end{vmatrix}+a_3\begin{vmatrix} b_1 & c_1 \\ b_2 & c_2 \end{vmatrix}$$

$$=\begin{vmatrix} a_1 & b_1 & c_1 \\ a_2 & b_2 & c_2 \\ a_3 & b_3 & c_3 \end{vmatrix}$$

（2）　$\boldsymbol{a}\neq\boldsymbol{0}$, $\boldsymbol{b}\times\boldsymbol{c}\neq\boldsymbol{0}$. $\boldsymbol{a}$ と $\boldsymbol{b}\times\boldsymbol{c}$ の作る角を θ とすれば，$\theta\neq\pi/2$ であり $\boldsymbol{a}\cdot(\boldsymbol{b}\times\boldsymbol{c})=\|\boldsymbol{a}\|\|\boldsymbol{b}\times\boldsymbol{c}\|\cos\theta$ である．$\|\boldsymbol{b}\times\boldsymbol{c}\|$ は $\boldsymbol{b}$ と $\boldsymbol{c}$ を2辺とする平行四辺形の面積 A に等しい．また，$\|\boldsymbol{a}\|\cos\theta$ は，$0\leqq\theta<\pi/2$ のとき，$\boldsymbol{a}$ の $\boldsymbol{b}\times\boldsymbol{c}$ 上への正射影に等しいから，$\boldsymbol{a}\cdot(\boldsymbol{b}\times\boldsymbol{c})$ は $\boldsymbol{a}$, $\boldsymbol{b}$, $\boldsymbol{c}$ を3辺とする平行六面体の体積 V に等しい．$\pi/2<\theta\leqq\pi$ のときには，$\boldsymbol{a}\cdot(\boldsymbol{b}\times\boldsymbol{c})$ は $-V$ に等しい．　◇

さて，$\boldsymbol{a}\cdot(\boldsymbol{b}\times\boldsymbol{c})$ を $\boldsymbol{a}$, $\boldsymbol{b}$, $\boldsymbol{c}$ の**三重積**といい，記号 $|\boldsymbol{a}\ \boldsymbol{b}\ \boldsymbol{c}|$ で表す．上の公式(3.10)と行列式の性質によって，次の公式が得られる．

$$\begin{aligned}|\boldsymbol{a}\ \boldsymbol{b}\ \boldsymbol{c}|&=|\boldsymbol{b}\ \boldsymbol{c}\ \boldsymbol{a}|=|\boldsymbol{c}\ \boldsymbol{a}\ \boldsymbol{b}|\\&=-|\boldsymbol{a}\ \boldsymbol{c}\ \boldsymbol{b}|=-|\boldsymbol{b}\ \boldsymbol{a}\ \boldsymbol{c}|=-|\boldsymbol{c}\ \boldsymbol{b}\ \boldsymbol{a}|\end{aligned}\tag{3.11}$$

このほか，行列式の列に関する性質に相当する性質を三重積 $|\boldsymbol{a}\ \boldsymbol{b}\ \boldsymbol{c}|$ はもっている．

§1.4　ベクトル関数

実数の区間 I の各実数 t に対してそれぞれ1つのベクトル $\boldsymbol{u}(t)$ が定まるとき，対応 $t\longmapsto\boldsymbol{u}(t)$ を**ベクトル関数**といい，これを $\boldsymbol{u}=\boldsymbol{u}(t)$　$(t\in I)$ で表し，区間 I をその**定義域**という．ベクトル関数 $\boldsymbol{u}(t)$ の成分を $(u_1(t),\ u_2(t),\ u_3(t))$ とすれば，

$$\boldsymbol{u}(t)=u_1(t)\,\boldsymbol{e}_1+u_2(t)\,\boldsymbol{e}_2+u_3(t)\,\boldsymbol{e}_3$$

と書き表すことができて，$u_1(t)$, $u_2(t)$, $u_3(t)$ は区間 I で定義された関数である．さて，$u_1(t)$, $u_2(t)$, $u_3(t)$ がすべて連続関数であるとき，ベクトル関数 $\boldsymbol{u}=\boldsymbol{u}(t)$

は**連続**であるという．

極　限　ベクトル関数 $\boldsymbol{u}=\boldsymbol{u}(t)$ と定ベクトル $\boldsymbol{a}$ について

$$\lim_{t\to t_0}\|\boldsymbol{u}(t)-\boldsymbol{a}\|=0$$

が成り立つならば，

$$\lim_{t\to t_0}\boldsymbol{u}(t)=\boldsymbol{a} \tag{4.1}$$

または $\boldsymbol{u}(t)\to\boldsymbol{a}$ $(t\to t_0)$ と書く．$\boldsymbol{a}=a_1\boldsymbol{e}_1+a_2\boldsymbol{e}_2+a_3\boldsymbol{e}_3$ とすれば，上の(4.1)は

$$\lim_{t\to t_0}u_1(t)=a_1,\qquad \lim_{t\to t_0}u_2(t)=a_2,\qquad \lim_{t\to t_0}u_3(t)=a_3$$

が同時に成り立つことと同値である．

微分法　ベクトル関数 $\boldsymbol{u}(t)=u_1(t)\boldsymbol{e}_1+u_2(t)\boldsymbol{e}_2+u_3(t)\boldsymbol{e}_3$ とその定義域 I 内の定点 t_0 について極限

$$\lim_{h\to 0}\frac{\boldsymbol{u}(t_0+h)-\boldsymbol{u}(t_0)}{h} \tag{4.2}$$

が存在するとき，$\boldsymbol{u}=\boldsymbol{u}(t)$ は $t=t_0$ で**微分可能**であるといい，上の極限値を $\boldsymbol{u}=\boldsymbol{u}(t)$ の $t=t_0$ における**微分係数**といい，記号

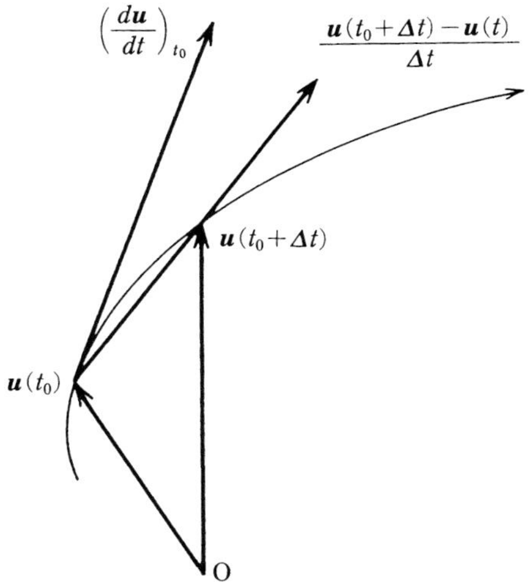

$$\left(\frac{d\boldsymbol{u}}{dt}\right)_{t_0} \quad \text{または} \quad \dot{\boldsymbol{u}}(t_0)$$

で表す．(独立変数 t の関数 $f(t)$ の微分係数を書き表すのに記号 $\dot{f}(t_0)$ を用いる．ベクトル関数についてもこれに準ずる記号を用いる．) ベクトル関数 $\boldsymbol{u}=\boldsymbol{u}(t)$ が区間 I のすべての点で微分可能であるとき，$\boldsymbol{u}=\boldsymbol{u}(t)$ は区間 I で**微分可能**であるという．ベクトル関数 $\boldsymbol{u}=\boldsymbol{u}(t)$ が区間 I で微分可能であるとき，その成分 $u_1=u_1(t)$，$u_2=u_2(t)$，$u_3=u_3(t)$ は区間 I で微分可能である．この逆も成り立つ．$\boldsymbol{u}=\boldsymbol{u}(t)$ の導関数 $d\boldsymbol{u}(t)/dt=\dot{\boldsymbol{u}}(t)$ を普通の関数の場合と同様に定義する．このとき，次の式が成り立つ．

$$\frac{d\boldsymbol{u}}{dt}=\frac{du_1}{dt}\boldsymbol{e}_1+\frac{du_2}{dt}\boldsymbol{e}_2+\frac{du_3}{dt}\boldsymbol{e}_3 \tag{4.3}$$

ベクトル関数の微分法について次の演算法則が成り立つ．ここで，$\boldsymbol{u}=\boldsymbol{u}(t)$，$\boldsymbol{v}=\boldsymbol{v}(t)$ を微分可能なベクトル関数，$f=f(t)$ を微分可能な関数，$\boldsymbol{a}$ を定ベクトルとする．

$$\frac{d\boldsymbol{a}}{dt}=\boldsymbol{0}, \qquad \frac{d(f\boldsymbol{u})}{dt}=\frac{df}{dt}\boldsymbol{u}+f\frac{d\boldsymbol{u}}{dt} \tag{4.4}$$

$$\frac{d(\boldsymbol{u}+\boldsymbol{v})}{dt}=\frac{d\boldsymbol{u}}{dt}+\frac{d\boldsymbol{v}}{dt} \tag{4.5}$$

$$\frac{d(\boldsymbol{u}\cdot\boldsymbol{v})}{dt}=\frac{d\boldsymbol{u}}{dt}\cdot\boldsymbol{v}+\boldsymbol{u}\cdot\frac{d\boldsymbol{v}}{dt}, \qquad \frac{d(\boldsymbol{u}\times\boldsymbol{v})}{dt}=\frac{d\boldsymbol{u}}{dt}\times\boldsymbol{v}+\boldsymbol{u}\times\frac{d\boldsymbol{v}}{dt} \tag{4.6}$$

これらの演算法則は普通の関数の場合と同様に証明されるが，1つの例として最後の公式の証明を次に述べる．

$$\frac{d(\boldsymbol{u}\times\boldsymbol{v})}{dt}=\lim_{h\to 0}\frac{\boldsymbol{u}(t+h)\times\boldsymbol{v}(t+h)-\boldsymbol{u}(t)\times\boldsymbol{v}(t)}{h}$$

$$=\lim_{h\to 0}\frac{\boldsymbol{u}(t+h)\times\boldsymbol{v}(t+h)-\boldsymbol{u}(t)\times\boldsymbol{v}(t+h)+\boldsymbol{u}(t)\times\boldsymbol{v}(t+h)-\boldsymbol{u}(t)\times\boldsymbol{v}(t)}{h}$$

$$=\lim_{h\to 0}\frac{\boldsymbol{u}(t+h)-\boldsymbol{u}(t)}{h}\times\lim_{h\to 0}\boldsymbol{v}(t+h)+\boldsymbol{u}(t)\times\lim_{h\to 0}\frac{\boldsymbol{v}(t+h)-\boldsymbol{v}(t)}{h}$$

$$=\frac{d\boldsymbol{u}(t)}{dt}\times\boldsymbol{v}(t)+\boldsymbol{u}(t)\times\frac{d\boldsymbol{v}(t)}{dt}$$

以上で証明は終った．ただし，微分可能なベクトル関数は連続であるから，$\boldsymbol{v}(t+h)\to\boldsymbol{v}(t)$ $(h\to 0)$ が成り立つことを利用した．

ベクトル関数 $\boldsymbol{u}=\boldsymbol{u}(t)$ が区間 I で微分可能であり，その導関数 $\dot{\boldsymbol{u}}(t)$ が区間 I で連続であるとき，$\boldsymbol{u}=\boldsymbol{u}(t)$ は区間 I で C^1 級であるといい，これを C^1 関数という．

合成関数の微分法　ベクトル関数 $\boldsymbol{u}=\boldsymbol{u}(t)$ が微分可能であり，関数 $t=t(s)$ が微分可能であれば，合成関数 $\boldsymbol{u}=\boldsymbol{u}(t(s))$ は微分可能であって，次の公式が成り立つ．

$$\frac{d\boldsymbol{u}}{ds}=\frac{d\boldsymbol{u}}{dt}\frac{dt}{ds}$$

高次導関数　ベクトル関数 $\boldsymbol{u}=\boldsymbol{u}(t)$ の2階，3階，…　導関数を普通の関数の場合と同様に定義し，これらをそれぞれ記号

$$\frac{d^2\boldsymbol{u}}{dt^2}=\ddot{\boldsymbol{u}},\quad \frac{d^3\boldsymbol{u}}{dt^3}=\dddot{\boldsymbol{u}},\quad \cdots$$

で表す．

ベクトル関数 $\boldsymbol{u}=\boldsymbol{u}(t)$ が m 回微分可能で，その m 階導関数 $\boldsymbol{u}^{(m)}$ が連続であるとき，$\boldsymbol{u}=\boldsymbol{u}(t)$ は C^m 級であるといい，$\boldsymbol{u}=\boldsymbol{u}(t)$ を C^m 関数という．一般に，$\boldsymbol{u}=(u_1(t),\ u_2(t),\ u_3(t))$ であれば，次の式が成り立つ．

$$\frac{d^m\boldsymbol{u}}{dt^m}=\left(\frac{d^m u_1}{dt^m},\ \frac{d^m u_2}{dt^m},\ \frac{d^m u_3}{dt^m}\right)\qquad (m=1,\ 2,\ \cdots)$$

また，$\boldsymbol{u}=\boldsymbol{u}(t)$ が何回でも微分可能であるとき，$\boldsymbol{u}=\boldsymbol{u}(t)$ は C^∞ 級であるといい，$\boldsymbol{u}=\boldsymbol{u}(t)$ を C^∞ 関数という．

ベクトル関数 $\boldsymbol{u}=\boldsymbol{u}(t)$ の不定積分，定積分を普通の関数の場合と同様に定義し，これらをそれぞれ

$$\int\boldsymbol{u}(t)\,dt,\qquad \int_a^b\boldsymbol{u}(t)\,dt$$

で表す．$\boldsymbol{u}=(u_1(t),\ u_2(t),\ u_3(t))$ であれば，次の式が成り立つ．

$$\int\boldsymbol{u}(t)\,dt=\left(\int u_1(t)\,dt,\ \int u_2(t)\,dt,\ \int u_3(t)\,dt\right)$$

$$\int_a^b\boldsymbol{u}(t)\,dt=\left(\int_a^b u_1(t)\,dt,\ \int_a^b u_2(t)\,dt,\ \int_a^b u_3(t)\,dt\right)$$

テイラー展開　ベクトル関数 $\boldsymbol{u}=\boldsymbol{u}(t)$ が区間 I で C^∞ 級であるとき，次のテイラーの公式が成り立つ．すなわち，任意の正の整数 m に対して，I 内の任意

の t と t に十分近い t_0 について次の公式が成り立つ．

$$\boldsymbol{u}(t)=\boldsymbol{u}(t_0)+\frac{\dot{\boldsymbol{u}}(t_0)}{1!}(t-t_0)+\frac{\ddot{\boldsymbol{u}}(t_0)}{2!}(t-t_0)^2+\cdots +\frac{\boldsymbol{u}^{(m)}(t_0)}{m!}(t-t_0)^m+\boldsymbol{R}_{m+1}(t,\ t_0) \tag{4.7}$$

ここで，剰余項 $\boldsymbol{R}_{m+1}(t,\ t_0)$ について

$$\lim_{t\to t_0}\frac{\boldsymbol{R}_{m+1}(t,\ t_0)}{(t-t_0)^{m+1}}=\boldsymbol{0}$$

が成り立つ．

多変数関数　2 変数，3 変数，…のベクトル関数について，偏微分についての概念を普通の関数の場合と同様に定義し，普通の関数についての記号に準じた記号を用いる．

演習問題 1

［A］

1．$\boldsymbol{a}=(1,\ -2,\ 3)$，$\boldsymbol{b}=(2,\ -3,\ -1)$，$\boldsymbol{c}=(0,\ 1,\ 2)$について次のものを求めよ．

（1）$\boldsymbol{a}\cdot\boldsymbol{b}$　　（2）$\boldsymbol{a}\times\boldsymbol{b}$

（3）$\boldsymbol{a}\cdot(\boldsymbol{b}\times\boldsymbol{c})$　　（4）$\boldsymbol{a}\times(\boldsymbol{b}\times\boldsymbol{c})$

2．$\boldsymbol{u}=(0,\ 2+t,\ \log t)$，$\boldsymbol{v}=(\sin t,\ -\cos t,\ 0)$　$(t>0)$　とする．このとき，次の計算をせよ．

（1）$\dfrac{d(\boldsymbol{u}\cdot\boldsymbol{v})}{dt}$　　（2）$\dfrac{d(\boldsymbol{u}\times\boldsymbol{v})}{dt}$

3．次の積分を求めよ．

（1）$\displaystyle\int_0^{\frac{\pi}{2}}[(1+\cos t)\boldsymbol{e}_1+t\,\boldsymbol{e}_2+(\sin t)\boldsymbol{e}_3]\,dt$

（2）$\displaystyle\int_1^2[e^t\boldsymbol{e}_1+(\log t)\boldsymbol{e}_2+t^2\boldsymbol{e}_3]\,dt$

4．$\boldsymbol{u}$，$\boldsymbol{v}$，$\boldsymbol{w}$ を C^∞ 関数とする．次の等式を証明せよ．

（1）$\dfrac{d}{dt}\left(\boldsymbol{u}\times\dfrac{d\boldsymbol{u}}{dt}\right)=\boldsymbol{u}\times\dfrac{d^2\boldsymbol{u}}{dt^2}$

（2）$\dfrac{d}{dt}\left(\boldsymbol{u}\cdot\dfrac{d\boldsymbol{v}}{dt}-\boldsymbol{v}\cdot\dfrac{d\boldsymbol{u}}{dt}\right)=\boldsymbol{u}\cdot\dfrac{d^2\boldsymbol{v}}{dt^2}-\boldsymbol{v}\cdot\dfrac{d^2\boldsymbol{u}}{dt^2}$

（3）　$\dfrac{d}{dt}|\boldsymbol{u}\ \ \boldsymbol{v}\ \ \boldsymbol{w}| = \left|\dfrac{d\boldsymbol{u}}{dt}\ \ \boldsymbol{v}\ \ \boldsymbol{w}\right| + \left|\boldsymbol{u}\ \ \dfrac{d\boldsymbol{v}}{dt}\ \ \boldsymbol{w}\right| + \left|\boldsymbol{u}\ \ \boldsymbol{v}\ \ \dfrac{d\boldsymbol{w}}{dt}\right|$

［B］

1.　公式(3.1)(p. 3)を用いて公式(3.2)(p. 3)を導け，逆に，公式(3.2)を用いて(3.1)を導け．

2.　空間で$\{\boldsymbol{u}_1, \boldsymbol{u}_2, \boldsymbol{u}_3\}$は基底であるとする．3つのベクトル

（1）

$$\boldsymbol{v}_1 = a_{11}\boldsymbol{u}_1 + a_{12}\boldsymbol{u}_2 + a_{13}\boldsymbol{u}_3$$
$$\boldsymbol{v}_2 = a_{21}\boldsymbol{u}_1 + a_{22}\boldsymbol{u}_2 + a_{23}\boldsymbol{u}_3$$
$$\boldsymbol{v}_3 = a_{31}\boldsymbol{u}_1 + a_{32}\boldsymbol{u}_2 + a_{33}\boldsymbol{u}_3$$

について，$\{\boldsymbol{v}_1, \boldsymbol{v}_2, \boldsymbol{v}_3\}$が基底であるための必要十分条件は

$$\begin{vmatrix} a_{11} & a_{12} & a_{13} \\ a_{21} & a_{22} & a_{23} \\ a_{31} & a_{32} & a_{33} \end{vmatrix} \neq 0$$

である．このことを証明せよ．

（2）　$\boldsymbol{a} = \boldsymbol{u}_1 - 2\boldsymbol{u}_2 + \boldsymbol{u}_3$，$\boldsymbol{b} = \boldsymbol{u}_2 - \boldsymbol{u}_3$，$\boldsymbol{c} = 2\boldsymbol{u}_1 - \boldsymbol{u}_2 + 5\boldsymbol{u}_3$ のとき，$\{\boldsymbol{a}, \boldsymbol{b}, \boldsymbol{c}\}$は基底であるか．

3.　空間の4つのベクトル$\boldsymbol{u}_1$，$\boldsymbol{u}_2$，$\boldsymbol{u}_3$，$\boldsymbol{u}_4$について次のことを証明せよ．

（1）　$\boldsymbol{u}_1$，$\boldsymbol{u}_2$，$\boldsymbol{u}_3$が1次従属であれば，$\boldsymbol{u}_1$，$\boldsymbol{u}_2$，$\boldsymbol{u}_3$，$\boldsymbol{u}_4$は1次従属である．

（2）　$\boldsymbol{u}_1$，$\boldsymbol{u}_2$，$\boldsymbol{u}_3$が1次独立であれば，$\boldsymbol{u}_4 = \alpha\boldsymbol{u}_1 + \beta\boldsymbol{u}_2 + \gamma\boldsymbol{u}_3$ となるような数α，β，γは一意に定まる．

（3）　$\boldsymbol{u}_1$，$\boldsymbol{u}_2$，$\boldsymbol{u}_3$，$\boldsymbol{u}_4$は常に1次従属である．

注意　上の問題3，(3)は，空間で任意の4つのベクトルは常に1次従属であることを示している．◇

4.　空間で3つの単位ベクトル$\boldsymbol{u}_1$，$\boldsymbol{u}_2$，$\boldsymbol{u}_3$が互いに垂直であれば，$\{\boldsymbol{u}_1, \boldsymbol{u}_2, \boldsymbol{u}_3\}$は基底である．このことを証明せよ．

5.　次の等式を証明せよ．

$$\|\boldsymbol{a}\times\boldsymbol{b}\|^2 = \|\boldsymbol{a}\|^2\|\boldsymbol{b}\|^2 - (\boldsymbol{a}\cdot\boldsymbol{b})^2 = \begin{vmatrix} \boldsymbol{a}\cdot\boldsymbol{a} & \boldsymbol{a}\cdot\boldsymbol{b} \\ \boldsymbol{b}\cdot\boldsymbol{a} & \boldsymbol{b}\cdot\boldsymbol{b} \end{vmatrix}$$

第2章　曲　　線

§2.1　曲線とその表示

曲線のパラメーター表示　開区間 I から3次元ユークリッド空間 E^3 の中への連続写像 $\boldsymbol{x}: I \longrightarrow E^3$ が与えられたとき，任意の $t(\in I)$ に対して，$\boldsymbol{x}(t)$ は E^3 内の点であるが，$\boldsymbol{x}(t)$ は同時にこの点の位置ベクトルを表すと考える．この点を点 $\boldsymbol{x}(t)$ とよぶことが多い．さて，この $\boldsymbol{x}(t)$ は開区間 I で定義されたベクトル関数である．そこで，$\boldsymbol{x}(t)$ が条件

（i）　$\boldsymbol{x}(t)$ は開区間 I で C^∞ 級である．

（ii）　開区間 I のすべての点で $\dot{\boldsymbol{x}}(t)=\dfrac{d\boldsymbol{x}}{dt}\neq\boldsymbol{0}$.

を満たすとき，$\boldsymbol{x}=\boldsymbol{x}(t)$ を**正則パラメーター表示（媒介変数表示）**といい，これは空間で1つの曲線 c を表示すると考えられる．このとき，曲線 c を**正則曲線**といい，

$$\boldsymbol{x}=\boldsymbol{x}(t) \qquad (t\in I)$$

を正則曲線 c のパラメーター表示という．さて，$\boldsymbol{x}(t)=(x_1(t),\ x_2(t),\ x_3(t))$ とすれば，普通の意味での曲線 c のパラメーター表示は

$$x_1=x_1(t), \qquad x_2=x_2(t), \qquad x_3=x_3(t) \qquad (t\in I)$$

である．なお，独立変数 t を**パラメーター**という．パラメーター t が I 内で増加するのに伴ってベクトル $\boldsymbol{x}(t)$ の先端の点 $\mathrm{P}(t)$ は曲線 c に沿ってある向きに移動する．このように，正則パラメーター表示 $\boldsymbol{x}=\boldsymbol{x}(t)$ $(t\in I)$ は正則曲線 c に1つの向きを与えるとみなせる．

許容変換　開区間 $\bar{I}$ から開区間 I の上への連続写像 $\varphi: \bar{I} \longrightarrow I$ は連続関数 $t=\varphi(\bar{t})$ $(\bar{t}\in\bar{I})$ である．この関数 $t=\varphi(\bar{t})$ が条件

（i）　$\varphi(\bar{t})$ は $\bar{I}$ で C^∞ 級である．

（ii）　$\bar{I}$ 上のすべての点で $\dfrac{d\varphi}{d\bar{t}}\neq 0$.

を満たすとき，$t=\varphi(\bar{t})$　$(\bar{t}\in\bar{I})$または $\varphi:\bar{I}\longrightarrow I$ を**許容変換**という．なお，条件（ii）において，$d\varphi/d\bar{t}>0$ のとき $t=\varphi(\bar{t})$　$(\bar{t}\in\bar{I})$を**正の許容変換**，$d\varphi/d\bar{t}<0$ のとき $t=\varphi(\bar{t})$　$(\bar{t}\in\bar{I})$を**負の許容変換**という．

さて，正則パラメーター表示 $\boldsymbol{x}=\boldsymbol{x}(t)$　$(t\in I)$が与えられていて，$t=\varphi(\bar{t})$　$(\bar{t}\in\bar{I})$が許容変換であれば，合成関数 $\boldsymbol{x}=\boldsymbol{x}(\varphi(\bar{t}))$ $(\bar{t}\in\bar{I})$は正則パラメーター表示である．なぜならば，$d\boldsymbol{x}(t)/dt\neq\boldsymbol{0}$，$d\varphi(\bar{t})/dt\neq 0$ であって，

$$\frac{d\boldsymbol{x}(\varphi(\bar{t}))}{d\bar{t}}=\frac{d\boldsymbol{x}(t)}{dt}\frac{d\varphi(\bar{t})}{d\bar{t}}\neq\boldsymbol{0}$$

であるからである．まとめて，次の定理が成り立つ．

定理 2.1　正則パラメーター表示 $\boldsymbol{x}=\boldsymbol{x}(t)$　$(t\in I)$と許容変換 $t=\varphi(\bar{t})$　$(\bar{t}\in\bar{I})$について，$\boldsymbol{x}=\boldsymbol{x}(\varphi(\bar{t}))$　$(\bar{t}\in\bar{I})$は正則パラメーター表示である．　◇

上の定理2.1の条件のもとで，2つの正則パラメーター表示 $\boldsymbol{x}=\boldsymbol{x}(t)$　$(t\in I)$と $\boldsymbol{x}=\boldsymbol{x}(\varphi(\bar{t}))$ $(\bar{t}\in\bar{I})$は同一の正則曲線 c を表示すると考える．特に，$t=\varphi(\bar{t})$　$(\bar{t}\in\bar{I})$が正（負）の許容変換ならば，$\boldsymbol{x}=\boldsymbol{x}(t)$ と $\boldsymbol{x}=\boldsymbol{x}(\varphi(\bar{t}))$は正則曲線 c に同一の（反対の）向きを与えると考える．

曲線の長さ　問題によっては，閉区間 I^*上で定義された正則パラメーター表示 $\boldsymbol{x}:I^*\longrightarrow E^3$ を考えることがある．この場合，I^*を含む開区間 I 上で定義された正則パラメーター表示 $\boldsymbol{x}:I\longrightarrow E^3$ があって，これを I^*に制限した写像が $\boldsymbol{x}:I^*\longrightarrow E^3$ であるとする．

閉区間 $I^*=[a,b]$ 上で定義された正則パラメーター表示 $\boldsymbol{x}=\boldsymbol{x}(t)$ $(a\leqq t\leqq b)$で表される曲線 c の長さについて考える．閉区間 $I^*=[a,\ b]$ の分割

$$\varDelta:\quad a=t_0<t_1<\cdots<t_n=b$$

を作り，この分割の各分点に対応する曲線 c 上の点をそれぞれ

$$\boldsymbol{x}_0=\boldsymbol{x}(t_0),\quad \boldsymbol{x}_1=\boldsymbol{x}(t_1),\quad \cdots,\quad \boldsymbol{x}_n=\boldsymbol{x}(t_n)$$

とする．これらの分点を順次に結んで得られる折線 $\varGamma_\varDelta$ の長さは

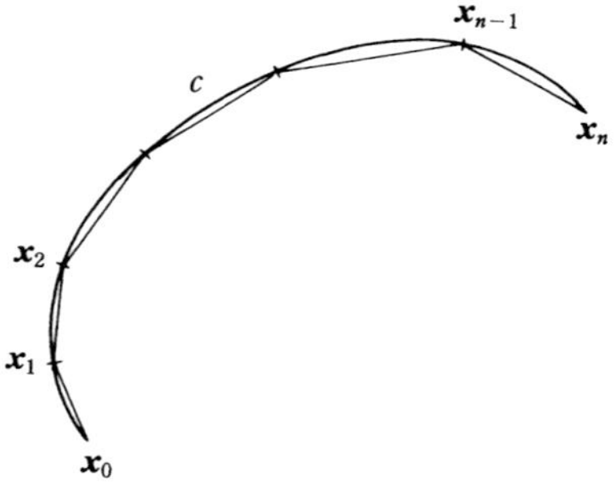

$$L(\Gamma_\Delta)=\sum_{i=1}^{n}\|\boldsymbol{x}_i-\boldsymbol{x}_{i-1}\|$$

である．ここで，

$$\Delta\boldsymbol{x}_i=\boldsymbol{x}_i-\boldsymbol{x}_{i-1},\qquad \Delta t_i=t_i-t_{i-1}\qquad (1\leqq i\leqq n)$$

とおけば，次の式が成り立つ．

$$L(\Gamma_\Delta)=\sum_{i=1}^{n}\|\Delta\boldsymbol{x}_i\|=\sum_{i=1}^{n}\left\|\frac{\Delta\boldsymbol{x}_i}{\Delta t_i}\right\|\Delta t_i$$

ここで，分割 Δ を任意の仕方で細かくしたとき，$L(\Gamma_\Delta)$は確定した数値 $L(c)$に収束し，極限値 $L(c)$は定積分

$$L(c)=\int_a^b\left\|\frac{d\boldsymbol{x}}{dt}\right\|dt \tag{1.1}$$

で与えられることが知られている（このことについては微分積分の教科書を参照されたい）．この $L(c)$を正則曲線 c の**弧長**という．まとめて，次の定理が成り立つ．

定理 2.2 正則弧（正則曲線上の弧）$c:\boldsymbol{x}=\boldsymbol{x}(t)$ $(a\leqq t\leqq b)$の弧長 $L(c)$は次の式で与えられる．

$$L(c)=\int_a^b\left\|\frac{d\boldsymbol{x}}{dt}\right\|dt=\int_a^b\sqrt{\left(\frac{dx_1}{dt}\right)^2+\left(\frac{dx_2}{dt}\right)^2+\left(\frac{dx_3}{dt}\right)^2}\,dt \tag{1.2}$$

ただし，$\boldsymbol{x}(t)=(x_1(t),\ x_2(t),\ x_3(t))$とする． ◇

次に，正則弧 c: $\boldsymbol{x}=\boldsymbol{x}(t)$ $(a\leqq t\leqq b)$について，パラメーターの正の許容変

換 $t=t(\theta)$ $(\alpha\leqq\theta\leqq\beta)$を考える．このとき，正則弧$c$は新たに正則パラメーター表示 $\boldsymbol{x}=\boldsymbol{x}(t(\theta))$ $(\alpha\leqq\theta\leqq\beta)$で表される．この新しいパラメーター表示を用いて，上の公式(1.2)の右辺を計算すれば，次のようになる．ただし，$d\theta/dt>0$を利用する．

$$\int_\alpha^\beta \left\| \frac{d\boldsymbol{x}(t(\theta))}{d\theta} \right\| d\theta = \int_\alpha^\beta \left\| \frac{d\boldsymbol{x}(t)}{dt} \frac{dt}{d\theta} \right\| d\theta$$

$$= \int_\alpha^\beta \left\| \frac{d\boldsymbol{x}(t)}{dt} \right\| \frac{dt(\theta)}{d\theta} d\theta = \int_a^b \left\| \frac{d\boldsymbol{x}(t)}{dt} \right\| dt$$

まとめれば，次の定理となる．

定理 2.3　正則弧cの弧長$L(c)$を与える公式(1.1)はパラメーターの正の許容変換について不変である．　◇

パラメーターとしての弧長　開区間I上で定義されたパラメーター表示をもつ正則曲線 c： $\boldsymbol{x}=\boldsymbol{x}(t)$ $(t\in I)$について考える．区間I内に定点aと任意の点tをとり，

$$s(t)=\int_a^t \|\dot{\boldsymbol{x}}\|\,dt \tag{1.3}$$

とおく．このとき，$\dot{\boldsymbol{x}}\neq\boldsymbol{0}$ であるから，微分積分学の基本定理によって

$$\frac{ds(t)}{dt}=\|\dot{\boldsymbol{x}}\|>0 \tag{1.4}$$

である．ゆえに，パラメーター変換 $s=s(t)$は正の許容変換である．ここで得られたパラメーターsを**弧長**という．さて，上の(1.4)からわかるように，$s=s(t)$の逆関数 $t=t(s)$が存在し，$dt/ds=(ds/dt)^{-1}>0$ であるから，$t=t(s)$は正の許容変換である．したがって，正則曲線cを，弧長sをパラメーターとして$\boldsymbol{x}=\boldsymbol{x}(s)$ $(\boldsymbol{x}=\boldsymbol{x}(t(s)))$で表すことができる．これを正則曲線$c$の**自然なパラメーター表示**という．さて，

$$\left\|\frac{d\boldsymbol{x}(s)}{ds}\right\| = \left\|\frac{d\boldsymbol{x}(t)}{dt}\frac{dt}{ds}\right\| = \left\|\frac{d\boldsymbol{x}(t)}{dt}\right\| \Big/ \frac{ds}{dt}$$

である．ところが，(1.4)によって $ds/dt=\|d\boldsymbol{x}(t)/dt\|$であるから，

$$\left\| \frac{d\boldsymbol{x}(s)}{ds} \right\| = 1$$

が得られる．ゆえに，次の定理が成り立つ．

定理 2.4　正則曲線 c の自然なパラメーター表示 $\boldsymbol{x}=\boldsymbol{x}(s)$ について次の式が成り立つ．

$$\left\| \frac{d\boldsymbol{x}(s)}{ds} \right\| = 1 \qquad \diamondsuit$$

例題 2.1　ベクトル関数 $\boldsymbol{x}(t)=(a\cos t)\boldsymbol{e}_1+(a\sin t)\boldsymbol{e}_2+bt\ \boldsymbol{e}_3$ $(-\infty<t<\infty)$ について次の問に答えよ $(a>0,\ b\neq 0)$．

（1）　$\boldsymbol{x}=\boldsymbol{x}(t)$ $(-\infty<t<\infty)$ は正則パラメーター表示であることを示せ．この曲線 c を**常ら線**という．

（2）　正則曲線 c：$\boldsymbol{x}=\boldsymbol{x}(t)$ $(-\infty<t<\infty)$ 上の閉区間 $0\leqq t\leqq 2\pi$ に対応する曲線弧の弧長 L を求めよ．

（3）　この曲線 c はどんな曲線であるか説明せよ．

（4）　この曲線 c の自然なパラメーター表示を求めよ．

(**解答**)　（1）　$\dfrac{d\boldsymbol{x}(t)}{dt}=(-a\sin t)\boldsymbol{e}_1+(a\cos t)\boldsymbol{e}_2+b\ \boldsymbol{e}_3$

$$\therefore \quad \left\| \frac{d\boldsymbol{x}(t)}{dt} \right\|^2 = (-a\sin t)^2+(a\cos t)^2+b^2=a^2+b^2>0 \qquad \text{(a)}$$

$(\because\ \ a>0,\ b\neq 0)$ ゆえに，$\dot{\boldsymbol{x}}(t)\neq\boldsymbol{0}$ であって，この $\boldsymbol{x}=\boldsymbol{x}(t)$ $(-\infty<t<\infty)$ は正則パラメーター表示である．

（2）　公式(1.3)と上の（a）を用いる．

$$L=\int_0^{2\pi}\left\| \frac{d\boldsymbol{x}(t)}{dt} \right\| dt=\int_0^{2\pi}\sqrt{a^2+b^2}\,dt=2\pi\sqrt{a^2+b^2}$$

（3）　下の図のように，底面の半径が a である直円柱面にその底面と角　$\alpha=\tan^{-1}(a/b)$ をなす直線をまきつけて得られる曲線がこの曲線 c である．

（4）　上の（a）を利用する．公式(1.4)によって，パラメーターとしての弧長 s は

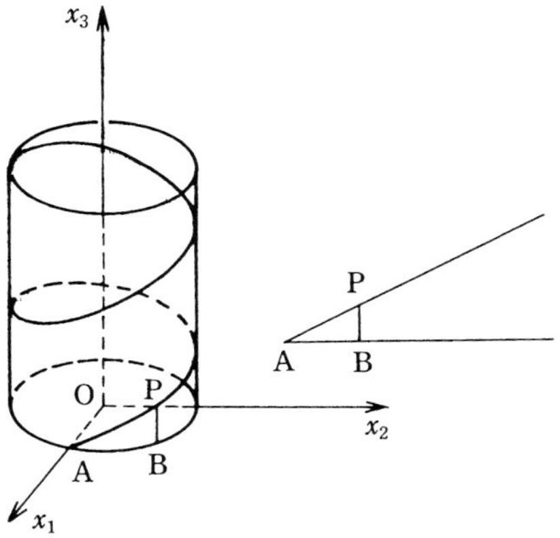

$$s=\int_0^t \|\dot{\boldsymbol{x}}(t)\|\,dt=\int_0^t \sqrt{a^2+b^2}\,dt=\sqrt{a^2+b^2}\,t$$

である．したがって，$t=s/\sqrt{a^2+b^2}$ である．ゆえに，曲線 c の自然なパラメーター表示は次のようになる．

$$\boldsymbol{x}=\left(a\cos\frac{s}{\sqrt{a^2+b^2}}\right)\boldsymbol{e}_1+\left(a\sin\frac{s}{\sqrt{a^2+b^2}}\right)\boldsymbol{e}_2+\frac{bs}{\sqrt{a^2+b^2}}\boldsymbol{e}_3 \qquad \diamond$$

§2.2　フルネ標構

接　線　正則曲線 c : $\boldsymbol{x}=\boldsymbol{x}(t)$ $(a<t<b)$ 上の互いに近い2点P, Qがそれぞれパラメーター t と $t+\Delta t$ に対応するとき，

$$\overrightarrow{\mathrm{PQ}}=\Delta\boldsymbol{x}=\boldsymbol{x}(t+\Delta t)-\boldsymbol{x}(t)$$

である．ゆえに，

$$\lim_{\Delta t\to 0}\frac{\Delta\boldsymbol{x}}{\Delta t}=\dot{\boldsymbol{x}}(t)$$

は点Pにおける曲線 c の接ベクトルである．特に，パラメーターを弧長 s にとれば，定理2.4によって

$$\boldsymbol{t}=\frac{d\boldsymbol{x}}{ds} \tag{2.1}$$

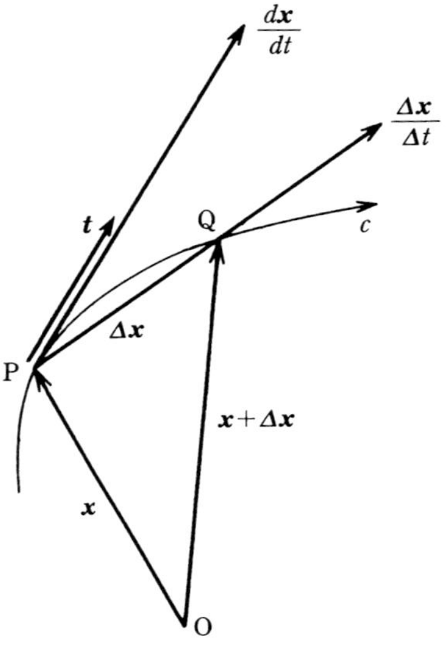

は単位ベクトルである．よって，$\boldsymbol{t}$ を曲線 c の**単位接ベクトル**という．ゆえに，曲線 c 上の点 $\boldsymbol{x}(t)$ における接線の方程式は，r をパラメーターとして

$$\boldsymbol{X}=\boldsymbol{x}(t)+r\,\dot{\boldsymbol{x}}(t) \qquad (-\infty<r<\infty) \tag{2.2}$$

である．

法平面　曲線 c 上の点 $\boldsymbol{x}(t)$ を通り，この点における接線に垂直な平面を**法平面**という．ゆえに，この法平面の方程式は

$$\dot{\boldsymbol{x}}(t)\cdot(\boldsymbol{X}-\boldsymbol{x}(t))=0 \tag{2.3}$$

である．

主法線　正則曲線 c の自然なパラメーター表示が $\boldsymbol{x}=\boldsymbol{x}(s)$ であれば，その各点で単位接ベクトルは $\boldsymbol{t}=d\boldsymbol{x}/ds$ である．そこで，c の各点で

$$\boldsymbol{k}=\boldsymbol{t}'=\frac{d\boldsymbol{t}}{ds} \quad \text{すなわち} \quad \boldsymbol{k}=\frac{d^2\boldsymbol{x}}{ds^2} \tag{2.4}$$

を**曲率ベクトル**といい，記号 $\boldsymbol{k}=\boldsymbol{k}(s)$ で表す（曲線 c に沿って定義された関数 f，ベクトル関数 $\boldsymbol{u}$ の弧長 s に関する導関数をそれぞれ f'，$\boldsymbol{u}'$ で表す）．

曲率ベクトルの大きさ

$$k(s)=\|\boldsymbol{k}(s)\|=\|\boldsymbol{x}''(s)\| \tag{2.5}$$

を曲線 c の**曲率**といい，記号 $k=k(s)$ で表す．さて，$\boldsymbol{t}$ は単位ベクトルであるから，$\boldsymbol{t}\cdot\boldsymbol{t}=1$ である．この両辺を s で微分して，$\boldsymbol{t}\cdot\boldsymbol{t}'=0$ を得る．ゆえに，次の定理が成り立つ．

定理 2.5　正則曲線 c 上の各点で曲率ベクトル $\boldsymbol{k}$ は単位接ベクトル $\boldsymbol{t}$ に垂直である．　◇

さて，曲線 c 上で $\boldsymbol{k}\neq\boldsymbol{0}$，すなわち $k\neq 0$ である点において単位ベクトル

$$\boldsymbol{n}=\frac{\boldsymbol{k}}{\|\boldsymbol{k}\|}=\frac{\boldsymbol{t}'}{\|\boldsymbol{t}'\|} \tag{2.6}$$

を作ることができる．この $\boldsymbol{n}$ を**単位主法線ベクトル**という．なお，$\boldsymbol{k}=\boldsymbol{0}$ すなわち $k=0$ である点では $\boldsymbol{n}$ を定義できない．曲線 c 上の点 $\boldsymbol{x}(t)$ を通り，$\boldsymbol{n}(t)$ に平行な直線を c の点 $\boldsymbol{x}(t)$ における**主法線**という．この主法線の方程式は，r をパラメーターとして

$$\boldsymbol{X}=\boldsymbol{x}(t)+r\,\boldsymbol{n}(t) \qquad (-\infty<r<\infty) \tag{2.7}$$

である．

接触平面　正則曲線 c 上の点 $\boldsymbol{x}(t)$ を通り，その点での接線と主法線を含む平面を**接触平面**という．この接触平面の方程式は

$$(\boldsymbol{t}(t)\times\boldsymbol{n}(t))\cdot(\boldsymbol{X}-\boldsymbol{x}(t))=0$$

であり，左辺を変形すれば，

$$|\,\boldsymbol{X}-\boldsymbol{x}(t)\quad \boldsymbol{t}(t)\quad \boldsymbol{n}(t)\,|=0 \tag{2.8}$$

である．さて，$\boldsymbol{t}=\boldsymbol{x}'$，$\boldsymbol{n}=\boldsymbol{x}''/\|\boldsymbol{x}''\|$ を左辺に代入すれば，点 $\boldsymbol{x}(t)$ における接触平面の方程式(2.8)は

$$|\,\boldsymbol{X}-\boldsymbol{x}(t)\quad \boldsymbol{x}'(t)\quad \boldsymbol{x}''(t)\,|=0 \tag{2.9}$$

となる．

従法線　正則曲線 c 上の各点 $\boldsymbol{x}(t)$ で，$k\neq 0$ として

$$\boldsymbol{b}=\boldsymbol{t}\times\boldsymbol{n} \tag{2.10}$$

とおけば，$\boldsymbol{b}$ は $\boldsymbol{t}$ と $\boldsymbol{n}$ に垂直な単位ベクトルであり，この $\boldsymbol{b}$ を**単位従法線ベク**

トルという．曲線 c 上の点 $\boldsymbol{x}(t)$ を通り，その点における $\boldsymbol{b}(t)$ に平行な直線を**従法線**という．その方程式は，r をパラメーターとして

$$\boldsymbol{X}=\boldsymbol{x}(t)+r\boldsymbol{b}(t) \qquad (-\infty<r<\infty) \tag{2.11}$$

である．

展直平面　正則曲線 c 上の点 $\boldsymbol{x}(t)$ を通り，この点での接線と従法線を含む平面を**展直平面**という．この展直平面は単位主法線ベクトル $\boldsymbol{n}(t)$ に垂直であるから，その方程式は

$$\boldsymbol{n}(t)\cdot(\boldsymbol{X}-\boldsymbol{x}(t))=0 \tag{2.12}$$

である．

今までに導入した $\boldsymbol{t}$，$\boldsymbol{n}$，$\boldsymbol{b}$，接線，主法線，従法線，…などを図示すれば下の図のようである．正則曲線 c 上の各点で $\boldsymbol{t}$，$\boldsymbol{n}$，$\boldsymbol{b}$ は互いに垂直な単位ベクトルであるから，$\{\boldsymbol{t}, \boldsymbol{n}, \boldsymbol{b}\}$ は正規直交基底である．そこで，$\{\boldsymbol{t}, \boldsymbol{n}, \boldsymbol{b}\}$ を**フルネ(Frenet)標構**という．曲線 c 上の点 $\boldsymbol{x}(t)$ におけるフルネ標構 $\{\boldsymbol{t}(t), \boldsymbol{n}(t), \boldsymbol{b}(t)\}$ は t の変化にともなって変動するから，これを**動標構**ともいう．

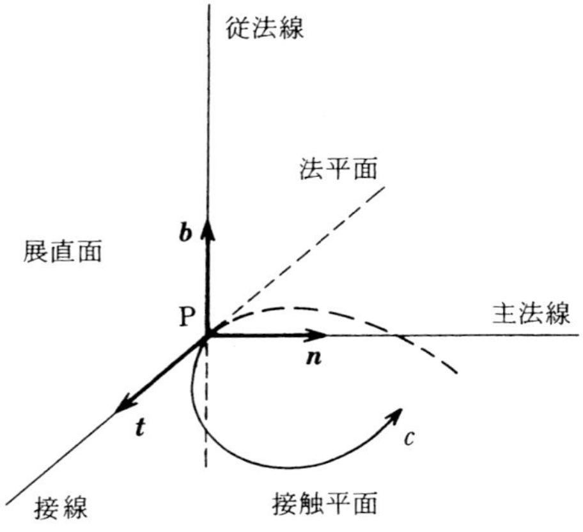

曲線 c 上で $\boldsymbol{t}'=\boldsymbol{x}''=\boldsymbol{0}$ となる点では $\boldsymbol{n}$ を定義することができないから，$\boldsymbol{b}$ を定義することもできない．$\boldsymbol{x}''=\boldsymbol{0}$ となる点を**変曲点**という．ゆえに，変曲点ではフルネ標構を決定できない．

例題 2.2 常ら線 $\boldsymbol{x}=\boldsymbol{x}(t)=(a\cos t,\ a\sin t,\ bt)$ $(a>0)$ の $\boldsymbol{t}$, $\boldsymbol{n}$, $\boldsymbol{b}$ および曲率 k を求め，接線，主法線，従法線，法平面，接触平面，展直平面の方程式を求めよ．

(解答) $\dot{\boldsymbol{x}}=(-a\sin t,\ a\cos t,\ b)$, $\qquad \ddot{\boldsymbol{x}}=(-a\cos t,\ -a\sin t,\ 0)$

$$\therefore\quad \|\dot{\boldsymbol{x}}(t)\|=\sqrt{(-a\sin t)^2+(a\cos t)^2+b^2}=\sqrt{a^2+b^2}$$

さて，(1.4) (p.15)を利用すれば，微分演算子について次の関係が成り立つ．

$$\frac{d}{ds}=\frac{dt}{ds}\frac{d}{dt}=\frac{1}{\|\dot{\boldsymbol{x}}\|}\frac{d}{dt}=\frac{1}{\sqrt{a^2+b^2}}\frac{d}{dt}$$

ゆえに，(2.1)によって

$$\boldsymbol{t}(t)=\boldsymbol{x}'(t)=\frac{d\boldsymbol{x}(t)}{ds}=\frac{1}{\sqrt{a^2+b^2}}\frac{d\boldsymbol{x}(t)}{dt}$$

$$=\frac{1}{\sqrt{a^2+b^2}}(-a\sin t,\ a\cos t,\ b)$$

$$\therefore\quad \boldsymbol{k}(t)=\boldsymbol{x}''(t)=\frac{d}{ds}\left(\frac{d\boldsymbol{x}(t)}{ds}\right)$$

$$=\frac{1}{\sqrt{a^2+b^2}}\frac{d}{dt}\left[\frac{1}{\sqrt{a^2+b^2}}(-a\sin t,\ a\cos t,\ b)\right]$$

$$=\frac{1}{a^2+b^2}(-a\cos t,\ -a\sin t,\ 0)$$

ゆえに，(2.5)，(2.6)によって

$$\boldsymbol{n}(t)=\frac{\boldsymbol{k}(t)}{\|\boldsymbol{k}(t)\|}=(-\cos t,\ -\sin t,\ 0),\qquad k=\|\boldsymbol{k}(t)\|=\frac{a}{a^2+b^2}$$

また，(2.10)によって

$$\boldsymbol{b}(t)=\boldsymbol{t}(t)\times\boldsymbol{n}(t)=\frac{1}{\sqrt{a^2+b^2}}(b\sin t,\ -b\cos t,\ a)$$

接線は点 $\boldsymbol{x}(t)$ を通り $\boldsymbol{t}(t)$ に平行であるから，その方程式は次のようである．

$$\frac{X_1-a\cos t}{-a\sin t}=\frac{X_2-a\sin t}{a\cos t}=\frac{X_3-bt}{b}$$

主法線は点 $\boldsymbol{x}(t)$ を通り，$\boldsymbol{n}(t)$ に平行であるから，その方程式は次のようである．

$$\frac{X_1-a\cos t}{\cos t}=\frac{X_2-a\sin t}{\sin t},\qquad X_3=bt$$

従法線は点 $\boldsymbol{x}(t)$ を通り，$\boldsymbol{b}(t)$ に平行であるから，その方程式は次のようである．

$$\frac{X_1-a\cos t}{b\sin t}=\frac{X_2-a\sin t}{-b\cos t}=\frac{X_3-bt}{a}$$

法平面は点 $\boldsymbol{x}(t)$ を通り，$\boldsymbol{t}(t)$ に垂直であるから，その方程式は次のようである．

$$-a(\sin t)(X_1-a\cos t)+a(\cos t)(X_2-a\sin t)+b(X_3-bt)=0$$

$$\therefore\quad -a(\sin t)X_1+a(\cos t)X_2+bX_3=b^2t$$

接触平面は点 $\boldsymbol{x}(t)$ を通り $\boldsymbol{b}(t)$ に垂直であるから，その方程式は次のようである．

$$b(\sin t)(X_1-a\cos t)-b(\cos t)(X_2-a\sin t)+a(X_3-bt)=0$$

$$\therefore\quad b(\sin t)X_1-b(\cos t)X_2+aX_3=abt$$

展直平面は点 $\boldsymbol{x}(t)$ を通り $\boldsymbol{n}(t)$ に垂直であるから，その方程式は次のようである．

$$-(\cos t)(X_1-a\cos t)-(\sin t)(X_2-a\sin t)=0$$

$$\therefore\quad (\cos t)X_1+(\sin t)X_2=a\qquad\diamondsuit$$

§2.3　曲率・捩率（れい）

曲率・曲率半径　(2.5)(p.19)によれば，曲線 c：$\boldsymbol{x}=\boldsymbol{x}(s)$ の曲率は $k=\|\boldsymbol{x}''(s)\|=\|\boldsymbol{t}'\|$ である．ゆえに，$k\geqq 0$ である．$k\neq 0$ である c 上の点で

$$\rho=\frac{1}{k}\tag{3.1}$$

を**曲率半径**という．ときには，$k=0$ である点で $\rho=\infty$ であるということもある．さて，$\boldsymbol{n}=\boldsymbol{t}'/\|\boldsymbol{t}'\|=\boldsymbol{t}'/k$ であるから，

$$\boldsymbol{t}'=k\boldsymbol{n}\tag{3.2}$$

となる．

定理 2.6　正則曲線 c： $\boldsymbol{x}=\boldsymbol{x}(t)$ の曲率 k は次の式で与えられる．

$$k=\frac{\|\dot{\boldsymbol{x}}\times\ddot{\boldsymbol{x}}\|}{\|\dot{\boldsymbol{x}}\|^3} \qquad \diamondsuit \tag{3.3}$$

［証明］

$$\dot{\boldsymbol{x}}=\frac{d\boldsymbol{x}}{dt}=\frac{d\boldsymbol{x}}{ds}\frac{ds}{dt}=\boldsymbol{x}'\frac{ds}{dt}$$

$$\ddot{\boldsymbol{x}}=\frac{d}{dt}\left(\frac{d\boldsymbol{x}}{ds}\frac{ds}{dt}\right)=\frac{d^2\boldsymbol{x}}{ds}\left(\frac{ds}{dt}\right)^2+\frac{d\boldsymbol{x}}{ds}\frac{d^2s}{dt^2}=\boldsymbol{x}''\left(\frac{ds}{dt}\right)^2+\boldsymbol{x}'\frac{d^2s}{dt^2}$$

ゆえに，$\|\dot{\boldsymbol{x}}\|=ds/dt$ を利用して次の計算ができる．

$$\dot{\boldsymbol{x}}\times\ddot{\boldsymbol{x}}=\left(\boldsymbol{x}'\frac{ds}{dt}\right)\times\left(\boldsymbol{x}''\left(\frac{ds}{dt}\right)^2+\boldsymbol{x}'\frac{d^2s}{dt^2}\right)$$

$$=\left(\frac{ds}{dt}\right)^3(\boldsymbol{x}'\times\boldsymbol{x}'')=\|\dot{\boldsymbol{x}}\|^3(\boldsymbol{x}'\times\boldsymbol{x}'')$$

さて，$\|\boldsymbol{x}'\|=1$，$\|\boldsymbol{x}''\|=k$ で，$\boldsymbol{x}'\perp\boldsymbol{x}''$ であるから，$\|\boldsymbol{x}'\times\boldsymbol{x}''\|=\|\boldsymbol{x}'\|\|\boldsymbol{x}''\|=k$ である．ゆえに，次の計算ができる．

$$\|\dot{\boldsymbol{x}}\times\ddot{\boldsymbol{x}}\|=\|\dot{\boldsymbol{x}}\|^3\|\boldsymbol{x}'\times\boldsymbol{x}''\|=\|\dot{\boldsymbol{x}}\|^3k$$

$$\therefore\quad k=\frac{\|\dot{\boldsymbol{x}}\times\ddot{\boldsymbol{x}}\|}{\|\dot{\boldsymbol{x}}\|^3} \qquad \diamondsuit$$

次に，曲率 k の幾何学的意味を述べた次の定理が成り立つ．

定理 2.7　正則曲線 c： $\boldsymbol{x}=\boldsymbol{x}(s)$ 上の近い2点 $\boldsymbol{x}(s)$ と $\boldsymbol{x}(s+\Delta s)$ における接線のなす角を $\Delta\theta\,(\geqq 0)$ とすれば，点 $\boldsymbol{x}(s)$ における曲率は次の式で与えられる．

$$|k|=\lim_{\Delta s\to 0}\left|\frac{\Delta\theta}{\Delta s}\right| \quad \diamondsuit$$

［証明］

$$k^2=\|\boldsymbol{t}'(s)\|^2=\lim_{\Delta s\to 0}\left\|\frac{\boldsymbol{t}(s+\Delta s)-\boldsymbol{t}(s)}{\Delta s}\right\|^2$$

$$=\lim_{\Delta s\to 0}\frac{1}{(\Delta s)^2}\{\|\boldsymbol{t}(s+\Delta s)\|^2-2\boldsymbol{t}(s+\Delta s)\cdot\boldsymbol{t}(s)+\|\boldsymbol{t}(s)\|^2\}$$

ところが，$\|\boldsymbol{t}(s+\Delta s)\|=\|\boldsymbol{t}(s)\|=1$ であり，$\boldsymbol{t}(s+\Delta s)\cdot\boldsymbol{t}(s)=\cos\Delta\theta$ であるから，

$$k^2=\lim_{\Delta s\to 0}\frac{1}{(\Delta s)^2}2(1-\cos\Delta\theta)=\lim_{\Delta s\to 0}\frac{\sin^2(\Delta\theta/2)}{(\Delta s/2)^2}$$

$$=\lim_{\Delta s\to 0}\left(\frac{\Delta\theta}{\Delta s}\right)^2\left(\frac{\sin(\Delta\theta/2)}{\Delta\theta/2}\right)^2=\left\{\lim_{\Delta s\to 0}\frac{\Delta\theta}{\Delta s}\right\}^2$$

したがって，

$$k=\lim_{\Delta s\to 0}\left|\frac{\Delta\theta}{\Delta s}\right| \qquad \diamondsuit$$

捩　率　正則曲線 c：$\boldsymbol{x}=\boldsymbol{x}(s)$ について $\boldsymbol{b}=\boldsymbol{t}\times\boldsymbol{n}$ である($k\neq 0$ とする)．この式の両辺を s で微分すれば，$\boldsymbol{t}'=k\boldsymbol{n}$ を利用すると

$$\boldsymbol{b}'=\boldsymbol{t}'\times\boldsymbol{n}+\boldsymbol{t}\times\boldsymbol{n}'=(k\boldsymbol{n})\times\boldsymbol{n}+\boldsymbol{t}\times\boldsymbol{n}'=\boldsymbol{t}\times\boldsymbol{n}'$$

となる．さて，$\boldsymbol{n}$ は単位ベクトルであるから，$\boldsymbol{n}'\perp\boldsymbol{n}$ である．ゆえに，$\boldsymbol{n}'=\mu\boldsymbol{t}+\tau\boldsymbol{b}$ とおくことができる．ここで，μ，τ は s の関数である．これを上の式に代入すれば，次のようになる．

$$\boldsymbol{b}'=\boldsymbol{t}\times(\mu\boldsymbol{t}+\tau\boldsymbol{b})=-\tau\boldsymbol{b}\times\boldsymbol{t}=-\tau\boldsymbol{n}$$

$$\therefore\quad \boldsymbol{b}'=-\tau\boldsymbol{n} \tag{3.4}$$

ここで，$\tau=\tau(s)$ を曲線 c の**捩率**という．$k\neq 0$ となる点において，捩率 τ を与える次の公式が成り立つ．

$$\tau=\frac{1}{k^2}|\,\boldsymbol{x}'\quad\boldsymbol{x}''\quad\boldsymbol{x}'''\,| \tag{3.5}$$

［**証明**］　$\boldsymbol{t}=\boldsymbol{x}'$，$\boldsymbol{t}'=\boldsymbol{x}''$，$\boldsymbol{t}''=\boldsymbol{x}'''$ を利用して，次の計算をすることができる．

$$|\,\boldsymbol{x}'\quad\boldsymbol{x}''\quad\boldsymbol{x}'''\,|=\boldsymbol{x}'\cdot(\boldsymbol{x}''\times\boldsymbol{x}''')=\boldsymbol{t}\cdot(\boldsymbol{t}'\times\boldsymbol{t}'')$$

さて，(3.2)を利用すれば，$\boldsymbol{n}'=\mu\boldsymbol{t}+\tau\boldsymbol{b}$ であるから，

$$\boldsymbol{t}'=k\boldsymbol{n},\qquad \boldsymbol{t}''=(k\boldsymbol{n})'=k'\boldsymbol{n}+k\boldsymbol{n}'=k\mu\boldsymbol{t}+k'\boldsymbol{n}+k\tau\boldsymbol{b}$$

である．これを上の式に代入すれば，$\boldsymbol{t}\cdot(\boldsymbol{n}\times\boldsymbol{t})=\boldsymbol{t}\cdot(\boldsymbol{n}\times\boldsymbol{n})=0$ であるから，

$$\begin{aligned}|\,\boldsymbol{x}'\ \boldsymbol{x}''\ \boldsymbol{x}'''\,|&=\boldsymbol{t}\cdot\{(k\boldsymbol{n})\times(k\mu\boldsymbol{t}+k'\boldsymbol{n}+k\tau\boldsymbol{b})\}\\&=k^2\tau\boldsymbol{t}\cdot(\boldsymbol{n}\times\boldsymbol{b})\\&=k^2\tau \qquad (\because\quad \boldsymbol{t}\cdot(\boldsymbol{n}\times\boldsymbol{b})=1)\end{aligned}$$

$$\therefore\quad \tau=\frac{1}{k^2}|\,\boldsymbol{x}'\quad\boldsymbol{x}''\quad\boldsymbol{x}'''\,| \qquad \diamondsuit$$

定理 2.8　正則曲線 c：$\boldsymbol{x}=\boldsymbol{x}(t)$ の捩率 τ は，$k\neq 0$ であれば，

$$\tau=\frac{|\,\dot{\boldsymbol{x}}\quad \ddot{\boldsymbol{x}}\quad \dddot{\boldsymbol{x}}\,|}{\|\dot{\boldsymbol{x}}\times\ddot{\boldsymbol{x}}\|^2}\qquad \diamondsuit \tag{3.6}$$

［**証明**］

$$\boldsymbol{x}'=\frac{d\boldsymbol{x}}{ds}=\frac{d\boldsymbol{x}}{dt}\frac{dt}{ds}=\dot{\boldsymbol{x}}\frac{dt}{ds}$$

$$\boldsymbol{x}''=\frac{d\boldsymbol{x}'}{ds}=\frac{d}{ds}\left(\dot{\boldsymbol{x}}\frac{dt}{ds}\right)=\frac{d\dot{\boldsymbol{x}}}{ds}\frac{dt}{ds}+\dot{\boldsymbol{x}}\frac{d^2t}{ds^2}$$

$$=\frac{d\dot{\boldsymbol{x}}}{dt}\left(\frac{dt}{ds}\right)^2+\dot{\boldsymbol{x}}\frac{d^2t}{ds^2}=\ddot{\boldsymbol{x}}\left(\frac{dt}{ds}\right)^2+\dot{\boldsymbol{x}}\frac{d^2t}{ds^2}$$

$$\boldsymbol{x}'''=\frac{d}{ds}\left\{\ddot{\boldsymbol{x}}\left(\frac{dt}{ds}\right)^2+\dot{\boldsymbol{x}}\frac{d^2t}{ds^2}\right\}$$

$$=\frac{d\ddot{\boldsymbol{x}}}{ds}\left(\frac{dt}{ds}\right)^2+\ddot{\boldsymbol{x}}\frac{d}{ds}\left(\frac{dt}{ds}\right)^2+\frac{d\dot{\boldsymbol{x}}}{ds}\frac{d^2t}{ds^2}+\dot{\boldsymbol{x}}\frac{d^3t}{ds^3}$$

$$=\frac{d\ddot{\boldsymbol{x}}}{dt}\left(\frac{dt}{ds}\right)^3+2\ddot{\boldsymbol{x}}\frac{dt}{ds}\frac{d^2t}{ds^2}+\frac{d\dot{\boldsymbol{x}}}{dt}\frac{dt}{ds}\frac{d^2t}{ds^2}+\dot{\boldsymbol{x}}\frac{d^3t}{ds^3}$$

$$=\dddot{\boldsymbol{x}}\left(\frac{dt}{ds}\right)^3+3\ddot{\boldsymbol{x}}\frac{dt}{ds}\frac{d^2t}{ds^2}+\dot{\boldsymbol{x}}\frac{d^3t}{ds^3}$$

ゆえに，

$$\boldsymbol{x}'\cdot(\boldsymbol{x}''\times\boldsymbol{x}'')$$

$$=\left[\dot{\boldsymbol{x}}\frac{dt}{ds}\right]\cdot\left[\left\{\ddot{\boldsymbol{x}}\left(\frac{dt}{ds}\right)^2+\dot{\boldsymbol{x}}\frac{d^2t}{ds^2}\right\}\times\left\{\dddot{\boldsymbol{x}}\left(\frac{dt}{ds}\right)^3+3\ddot{\boldsymbol{x}}\frac{dt}{ds}\frac{d^2t}{ds^2}+\dot{\boldsymbol{x}}\frac{d^3t}{ds^3}\right\}\right]$$

$$=\left[\dot{\boldsymbol{x}}\frac{dt}{ds}\right]\cdot\left[\left(\frac{dt}{ds}\right)^5\ddot{\boldsymbol{x}}\times\dddot{\boldsymbol{x}}+\left(\frac{dt}{ds}\right)^2\frac{d^3t}{ds^3}\ddot{\boldsymbol{x}}\times\dot{\boldsymbol{x}}\right.$$

$$\left.+\frac{d^2t}{ds^2}\left(\frac{dt}{ds}\right)^3\dot{\boldsymbol{x}}\times\dddot{\boldsymbol{x}}+3\frac{dt}{ds}\left(\frac{d^2t}{ds^2}\right)^2\dot{\boldsymbol{x}}\times\ddot{\boldsymbol{x}}\right]$$

$$=\left(\frac{dt}{ds}\right)^6\dot{\boldsymbol{x}}\cdot(\ddot{\boldsymbol{x}}\times\dddot{\boldsymbol{x}})=\frac{1}{\|\dot{\boldsymbol{x}}\|^6}|\,\dot{\boldsymbol{x}}\quad\ddot{\boldsymbol{x}}\quad\dddot{\boldsymbol{x}}\,|\qquad\left(\because\quad\frac{ds}{dt}=\|\dot{\boldsymbol{x}}\|\right)$$

ゆえに，(3.3)，(3.5)によって

$$\tau=\frac{1}{k^2}|\,\boldsymbol{x}'\quad\boldsymbol{x}''\quad\boldsymbol{x}'''\,|=\frac{\|\boldsymbol{x}\|^6}{\|\dot{\boldsymbol{x}}\times\ddot{\boldsymbol{x}}\|^2}\,\frac{|\,\dot{\boldsymbol{x}}\quad\ddot{\boldsymbol{x}}\quad\dddot{\boldsymbol{x}}\,|}{\|\boldsymbol{x}\|^6}=\frac{|\,\dot{\boldsymbol{x}}\quad\ddot{\boldsymbol{x}}\quad\dddot{\boldsymbol{x}}\,|}{\|\dot{\boldsymbol{x}}\times\ddot{\boldsymbol{x}}\|^2}\qquad\diamondsuit$$

次に，捩率 τ の幾何学的意味を述べた次の定理が成り立つ．この定理の証明は定理2.7の証明と同様である．

定理 2.9　正則曲線 c：$\boldsymbol{x}=\boldsymbol{x}(s)$ 上の近い 2 点 $\boldsymbol{x}(s)$ と $\boldsymbol{x}(s+\Delta s)$ における従法線のなす角すなわち接触平面のなす角を $\Delta\varphi$ とすれば，点 $\boldsymbol{x}(s)$ における捩率は次の式で与えられる．

$$|\tau|=\lim_{\Delta s\to 0}\left|\frac{\Delta\varphi}{\Delta s}\right| \qquad \diamond$$

次のことが成り立つ（演習問題2-A，5，6(p.37)参照）．

正則曲線 c：$\boldsymbol{x}=\boldsymbol{x}(s)$ $(-\infty<s<\infty)$ が直線であるための必要十分条件は $k=0$ が恒等的に成り立つことである．

正則曲線が平面曲線であるための必要十分条件は $\tau=0$ が恒等的に成り立つことである．ただし，$k\neq 0$ とする．

例題 2.3　常ら線 $\boldsymbol{x}=(a\cos t,\ a\sin t,\ bt)$ の曲率 k と捩率 τ を求めよ．$(a>0)$

（解答）　例題2.2(p.21)によって

$$k=\|\boldsymbol{k}\|=\frac{a}{a^2+b^2}\quad（定数）$$

$$\boldsymbol{b}'=\frac{b}{a^2+b^2}(\cos t,\ \sin t,\ 0)=-\frac{b}{a^2+b^2}(-\cos t,\ -\sin t,\ 0)$$

$$=-\frac{b}{a^2+b^2}\boldsymbol{n}$$

ゆえに，(3.4)により　$\tau=\dfrac{b}{a^2+b^2}$　（定数）　$\diamond$

注意　この例題2.3の逆命題，すなわち「正則曲線の曲率 k，捩率 τ が共に定数ならば，この曲線は常ら線である」が成り立つ（演習問題2-B，7(p.38)参照）．　$\diamond$

§2.4　フルネの公式・ブーケの公式

フルネの公式　(3.2)，(3.4) (p.22, 24)で述べたように，正則曲線について

$$\boldsymbol{t}'=k\boldsymbol{n},\qquad \boldsymbol{b}'=-\tau\boldsymbol{n} \tag{4.1}$$

が成り立つ．さて，$\boldsymbol{n}=\boldsymbol{b}\times\boldsymbol{t}$ であるから，この両辺を s で微分して，(4.1)を利用すれば，次のようになる．

$$\boldsymbol{n}'=\boldsymbol{b}'\times\boldsymbol{t}+\boldsymbol{b}\times\boldsymbol{t}'=(-\tau\boldsymbol{n})\times\boldsymbol{t}+\boldsymbol{b}\times(k\boldsymbol{n})=-k\boldsymbol{t}+\tau\boldsymbol{b}$$

$$\therefore\quad \boldsymbol{n}'=-k\boldsymbol{t}+\tau\boldsymbol{b}$$

これと(4.1)をまとめれば，次の**フルネの公式**が得られる．

定理 2.10　正則曲線 c：$\boldsymbol{x}=\boldsymbol{x}(s)$について，$k\neq 0$ として

$$\begin{aligned}\boldsymbol{t}'&=\qquad\quad k\boldsymbol{n}\\ \boldsymbol{n}'&=-k\boldsymbol{t}\qquad\quad+\tau\boldsymbol{b}\\ \boldsymbol{b}'&=\qquad\ -\tau\boldsymbol{n}\end{aligned} \tag{4.2}$$

が成り立つ．ここで，k と τ はそれぞれ c の曲率と捩率である．　◇

上の定理の公式(4.2)の右辺の係数は交代行列

$$\begin{pmatrix} 0 & k & 0 \\ -k & 0 & \tau \\ 0 & -\tau & 0 \end{pmatrix}$$

である．公式(4.2)はフルネ標構 $\{\boldsymbol{t},\ \boldsymbol{n},\ \boldsymbol{b}\}$ の変化率を表す．

ブーケの公式　正則曲線 c：$\boldsymbol{x}=\boldsymbol{x}(s)$について，(4.2)を利用して次の計算をすることができる．

$$\begin{aligned}\boldsymbol{x}'&=\boldsymbol{t}\\ \boldsymbol{x}''&=\boldsymbol{t}'=k\boldsymbol{n}\\ \boldsymbol{x}'''&=(k\boldsymbol{n})'=k'\boldsymbol{n}+k\boldsymbol{n}'=k'\boldsymbol{n}+k(-k\boldsymbol{t}+\tau\boldsymbol{b})=-k^2\boldsymbol{t}+k'\boldsymbol{n}+k\tau\boldsymbol{b}\end{aligned} \tag{4.3}$$

……………………………………………………

ベクトル関数 $\boldsymbol{x}(s)$を $s=0$ の近傍でテイラー展開し，上の(4.3)を利用すれば，次のようになる．$s=0$ の近傍で，

$$\boldsymbol{x}(s)=\boldsymbol{x}(0)+s\boldsymbol{x}'(0)+\frac{s^2}{2}\boldsymbol{x}''(0)+\frac{s^3}{6}\boldsymbol{x}'''(0)+\boldsymbol{o}(s^3)$$

$$=\boldsymbol{x}(0)+s\boldsymbol{t}_0+\frac{s^2}{2}k_0\boldsymbol{n}_0+\frac{s^3}{6}(-k_0{}^2\boldsymbol{t}_0+k_0'\boldsymbol{n}_0+k_0\tau_0\boldsymbol{b}_0)+\boldsymbol{o}(s^3)$$

$$\therefore\quad \boldsymbol{x}(s)=\boldsymbol{x}(0)+\left\{s-\frac{1}{6}k_0{}^2s^3+o(s^3)\right\}\boldsymbol{t}_0+\left\{\frac{1}{2}k_0s^2+\frac{1}{6}k_0's^3+o(s^3)\right\}\boldsymbol{n}_0$$

$$+\left\{\frac{1}{6}k_0\tau_0s^3+o(s^3)\right\}\boldsymbol{b}_0 \qquad (4.4)$$

ただし，$\boldsymbol{t}_0$，$\boldsymbol{n}_0$，$\boldsymbol{b}_0$，k_0，τ_0，k_0' はそれぞれ $\boldsymbol{t}$，$\boldsymbol{n}$，$\boldsymbol{b}$，k，τ，k' の $s=0$ における値である．この(4.4)によって，次の定理2.11で述べる**ブーケ** (Bouquet) **の公式**が成り立つ．

注意　独立変数 x の関数 $f(x)$ について $f(x)\to 0$ $(x\to 0)$ であり，しかも正の整数 m に対して $f(x)/x^m\to 0$ $(x\to 0)$ であるとき，$f(x)$ は $(x\to 0$ のとき$)$ m 位より高位の無限小であるという．m 位より高位の無限小を一般に記号 $o(x^m)$ で表す．また，ベクトル関数 $\boldsymbol{v}(x)$ について $\|\boldsymbol{v}(x)\|$ が $o(x^m)$ であるとき，$\boldsymbol{v}(x)$ は $\boldsymbol{o}(x^m)$ であるという．
◇

正則曲線 c：$\boldsymbol{x}=\boldsymbol{x}(s)$ 上の任意の点Pの近傍での形状を調べるために，点Pで $s=0$ となるようにパラメーター s を選ぶことにする．この状況の下で次の定理が成り立つ．

定理 2.11　正則曲線 c：$\boldsymbol{x}=\boldsymbol{x}(s)$ （sは弧長）上の点 $\boldsymbol{x}(0)$ を原点とし，$\boldsymbol{t}_0=\boldsymbol{t}(0)$，$\boldsymbol{n}_0=\boldsymbol{n}(0)$，$\boldsymbol{b}_0=\boldsymbol{b}(0)$ がそれぞれ x 軸，y 軸，z 軸の正の向きを向く基本ベクトルとなるように直交座標 (x, y, z) をとる．このとき，$\boldsymbol{x}(s)=(x(s), y(s), z(s))$ として，$s=0$ の近傍において次の式が成り立つ．

$$\begin{aligned} x(s)&=s-\frac{1}{6}k_0{}^2s^3+o(s^3)\\ y(s)&=\frac{1}{2}k_0s^2+\frac{1}{6}k_0's^3+o(s^3)\\ z(s)&=\frac{1}{6}k_0\tau_0s^3+o(s^3)\end{aligned} \qquad (4.5)$$

ただし，$k_0=k(0)$，$\tau_0=\tau(0)$，$k_0'=k'(0)$ である．　◇

定理2.11で用いた座標(x, y, z)について，この正則曲線cの自然なパラメーター表示は$s=0$の近傍において近似的に

$$x=s, \qquad y=\frac{1}{2}k_0s^2, \qquad z=\frac{1}{6}k_0\tau_0s^3 \tag{4.6}$$

となる．さらに，(4.6)からsを消去すれば，原点の近傍において

$$y=\frac{1}{2}k_0x^2, \qquad z=\frac{1}{6}k_0\tau_0x^3, \qquad z^2=\frac{2}{9}\frac{\tau_0{}^2}{k_0}y^3 \tag{4.7}$$

が成り立つ．これらの方程式によれば，曲線cのxy平面，zx平面，yz平面上への正射影は，それぞれ下の図のようである．これらは曲線cの点$\boldsymbol{x}(0)$の近くの形状を近似的に示すものと考えられている．

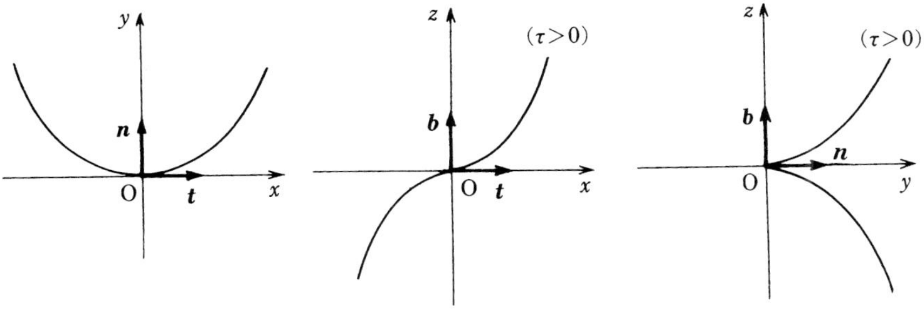

§2.5　自然方程式

空間の曲線はその曲率$k=k(s)$と捩率$\tau=\tau(s)$を弧長sの関係として与えると，完全に決定されることを意味する定理2.12，2.13を次に述べる．

定理 2.12　開区間I上で任意にC^∞関数$k(s)(>0)$，$\tau(s)$が与えられたとする．このとき，空間に点$\boldsymbol{x}_0$，正規直交系$\{\boldsymbol{t}_0, \boldsymbol{n}_0, \boldsymbol{b}_0\}$が任意に与えられると，$s$を弧長，$k(s)$を曲率，$\tau(s)$を捩率とする正則曲線$\boldsymbol{x}=\boldsymbol{x}(s)$ $(s\in I)$で，$\boldsymbol{x}(s_0)=\boldsymbol{x}_0$，$\boldsymbol{t}(s_0)=\boldsymbol{t}_0$，$\boldsymbol{n}(s_0)=\boldsymbol{n}_0$，$\boldsymbol{b}(s_0)=\boldsymbol{b}_0$となるものがただ1つ存在する($s_0(\in I)$は定数とする)．　◇

この定理2.12は，連立常微分方程式の解の存在とその一意性を保証する微分方程式論の基本定理を利用して証明されるが，その証明を省略する．

定理 2.13　開区間 I 上で定義された2つの正則曲線 c と c^* がそれぞれ自然なパラメーター表示 $\boldsymbol{x}=\boldsymbol{x}(s)$　$(s\in I)$ と $\boldsymbol{x}=\boldsymbol{x}^*(s)$　$(s\in I)$ で表されている（パラメーター s は c と c^* に共通であって，それぞれの弧長であるとする）．c と c^* の曲率をそれぞれ $k(s)$，$k^*(s)$，c と c^* の捩率をそれぞれ $\tau(s)$，$\tau^*(s)$ とする．もしも

$$k(s)=k^*(s), \qquad \tau(s)=\tau^*(s) \qquad (s\in I)$$

であれば，曲線 c と c^* は合同である．　◇

この定理2.13の証明については付録，§2(p.128)を参照されたい．

定理2.12と定理2.13によって，正則曲線は，その曲率 $k(s)$ と捩率 $\tau(s)$ を弧長 s の関数として与えられることによって，その位置を除いて完全に決定されることになる．そこで，空間で正則曲線 c を表示するのに，その曲率 $k(s)$ と捩率 $\tau(s)$（パラメーター s は弧長とする）を用いることができるから，方程式

$$k=k(s), \qquad \tau=\tau(s) \tag{4.8}$$

を正則曲線 c の**自然方程式**という．しかし，自然方程式(4.8)から出発して正則曲線 c の自然なパラメーター表示 $\boldsymbol{x}=\boldsymbol{x}(s)$ を具体的に求めることは一般に困難である．

§2.6　平面曲線

平面上の曲線の取扱いについては，空間曲線のそれと少し異なるところがあるので，ここでとくに平面曲線について述べる．xy 平面上の正則曲線 c の自然なパラメーター表示 $\boldsymbol{x}=\boldsymbol{x}(s)$　$(s\in I)$ について

$$\boldsymbol{x}(s)=(x(s),\ y(s))$$

とする．まず，c の**単位接ベクトル**を

$$\boldsymbol{t}=\boldsymbol{x}'(s)=(x'(s),\ y'(s))$$

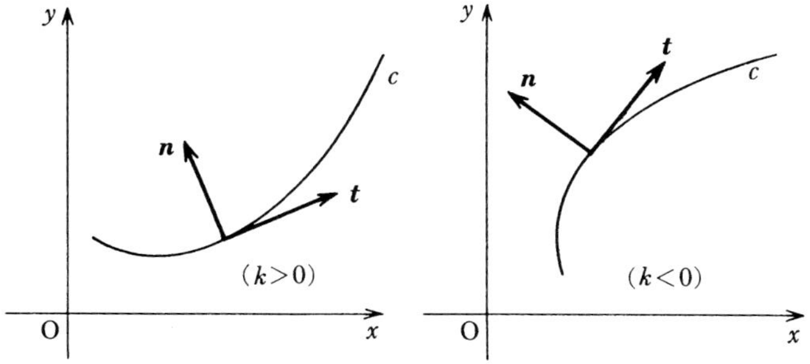

で定義する．次に，c 上の各点で $\boldsymbol{t}$ を正の方向に90°回転して得られる単位ベクトルを $\boldsymbol{n}$ とし，この $\boldsymbol{n}$ を**単位法ベクトル**という．したがって，$\boldsymbol{t}=(t_x,\ t_y)$ ならば，$\boldsymbol{n}=(-t_y,\ t_x)$ である．そこで，$\{\boldsymbol{t},\ \boldsymbol{n}\}$ を曲線 c の**フルネ標構**という．

さて，$\boldsymbol{t}\cdot\boldsymbol{t}=1$ であるから，$\boldsymbol{t}\cdot\boldsymbol{t}'=0$ である．したがって，$\boldsymbol{t}\perp\boldsymbol{t}'$ である．そこで，

$$\boldsymbol{t}'=k\boldsymbol{n} \tag{6.1}$$

とおくことができる．ここで，$k=k(s)$ は s の関数であり，これを曲線 c の**曲率**という．(空間曲線の曲率 k は $k\geqq 0$ を満たすが，平面曲線の曲率についてはこの不等式は必ずしも成り立たない)．明らかに，$\boldsymbol{n}\cdot\boldsymbol{n}=1$，$\boldsymbol{t}\cdot\boldsymbol{n}=0$ である．これらの両辺を s で微分すれば，それぞれ

$$\boldsymbol{n}\cdot\boldsymbol{n}'=0, \qquad \boldsymbol{t}'\cdot\boldsymbol{n}+\boldsymbol{t}\cdot\boldsymbol{n}'=0$$

となる．さて，左側の式によって $\boldsymbol{n}'\perp\boldsymbol{n}$ であり，$\boldsymbol{n}'=\alpha\boldsymbol{t}$ とおくことができる．この $\boldsymbol{n}'=\alpha\boldsymbol{t}$ を上の右側の式に代入すれば，上の(6.1)によって $\alpha=-k$ となる．したがって，

$$\boldsymbol{n}'=-k\boldsymbol{t} \tag{6.2}$$

となる．(6.1)と(6.2)を連立させた

$$\begin{cases}\boldsymbol{t}'=k\boldsymbol{n}\\ \boldsymbol{n}'=-k\boldsymbol{t}\end{cases} \tag{6.3}$$

を（平面曲線の）**フルネの方程式**という．

いま，$\boldsymbol{t}$ と x 軸のなす角を θ とすれば，$\theta=\theta(s)$ は s の関数であって，

$$\boldsymbol{t}=(\cos\theta,\ \sin\theta), \qquad \boldsymbol{n}=(-\sin\theta,\ \cos\theta)$$

である．ゆえに，$\boldsymbol{t}'=(d\theta/ds)(-\sin\theta,\ \cos\theta)=(d\theta/ds)\boldsymbol{n}$ であるから，これと (6.1)を比較して

$$k=\frac{d\theta}{ds} \tag{6.4}$$

が得られる．ここで，次の定理が成り立つ（定理2.7（p.23）参照）.

定理 2.14　平面上の正則曲線 c：$\boldsymbol{x}=\boldsymbol{x}(s)$（$s$ は弧長)の曲率を $k=k(s)$ とすれば，$\boldsymbol{x}(s)=(x(s),\ y(s))$ として

$$x(s)=\int_{s_0}^{s}\cos\theta(s)\,ds+a,\qquad y(s)=\int_{s_0}^{s}\sin\theta(s)\,ds+b$$

である．ここで，

$$\theta(s)=\int_{s_0}^{s}k(s)\,ds+\theta_0$$

であり，s_0 は定数，a，b，θ_0 は任意定数である．　◇

［**証明**］ (6.4)の両辺を s で積分すれば，$\boldsymbol{t}$ と x 軸の作る角 θ は

$$\theta=\int_{s_0}^{s}k(s)\,ds+\theta_0 \tag{a}$$

となる．ここで，θ_0 は任意定数である．さて，$\boldsymbol{t}=(\cos\theta,\ \sin\theta)$，$\boldsymbol{x}'=\boldsymbol{t}$ であるから，

$$\frac{dx}{ds}=\cos\theta,\qquad \frac{dy}{ds}=\sin\theta$$

$$\therefore\quad x=\int_{s_0}^{s}\cos\theta\,ds+a,\qquad y=\int_{s_0}^{s}\sin\theta\,ds+b \tag{b}$$

ここで，a，b は任意定数である．　◇

この定理によって，次の定理が成り立つ．

定理 2.15　区間 I で定義された C^∞ 関数 $k=k(s)$ が与えられたとする．このとき，k を曲率とする正則な平面曲線 c：$\boldsymbol{x}=\boldsymbol{x}(s)$（$s$ は弧長)が存在する．しかも定数 θ_0，a，b を任意に与えると，区間 I の定数 s_0 に対して

$$\boldsymbol{x}(s_0)=(a,\ b),\qquad \boldsymbol{x}'(s_0)=(\cos\theta_0,\ \sin\theta_0)$$

となる曲線cはただ1つ存在する．　◇

定理 2.16　定理2.15で存在が主張された正則な平面曲線は無数に多くあるが，これらの曲線は互いに合同である．　◇

［**証明**］　定理2.14の証明の中にある(a)，(b)を利用する．さて，(a)において $\bar{\theta}=\int_{s_0}^{s}k(s)\,ds$ とおけば，$\theta=\bar{\theta}+\theta_0$ となる．これを(b)に代入すれば，次のようになる．

$$x=(\cos\theta_0)\int_{s_0}^{s}\cos\bar{\theta}\,ds-(\sin\theta_0)\int_{s_0}^{s}\sin\bar{\theta}\,ds+a$$

$$y=(\sin\theta_0)\int_{s_0}^{s}\cos\bar{\theta}\,ds+(\cos\theta_0)\int_{s_0}^{s}\sin\bar{\theta}\,ds+b$$

上の2つの式で，右辺の関数をそれぞれ$x(s)$，$y(s)$とおけば，曲線 c：$\boldsymbol{x}=(x(s),\ y(s))$は曲線 $\bar{c}$：$\boldsymbol{x}=(\bar{x}(s),\ \bar{y}(s))$を運動

$$x=(\cos\theta_0)\bar{x}-(\sin\theta_0)\bar{y}+a$$

$$y=(\sin\theta_0)\bar{x}+(\cos\theta_0)\bar{y}+b$$

で移動させたものである．ただし，

$$\bar{x}(s)=\int_{s_0}^{s}\cos\bar{\theta}\,ds,\qquad \bar{y}(s)=\int_{s_0}^{s}\sin\bar{\theta}\,ds\qquad ◇$$

§2.7　伸開線・縮閉線†

伸開線　正則曲線cの自然なパラメーター表示を $\boldsymbol{x}=\boldsymbol{x}(s)$ とする．c上の点$\boldsymbol{x}(s)$における接線上に点$\boldsymbol{x}^*(s)$をとり，$\boldsymbol{x}^*(s)-\boldsymbol{x}(s)=\alpha(s)\boldsymbol{t}(s)$とする．ここで，$\{\boldsymbol{t},\ \boldsymbol{n},\ \boldsymbol{b}\}$は曲線$c$のフルネ標構であり，$\alpha(s)$は$C^\infty$関数である．そこで，パラメーター表示 $\boldsymbol{x}=\boldsymbol{x}^*(s)$で表される曲線を$c^*$とする（$s$は$c^*$の弧長であるとは限らない）．さて，$c^*$上の点$\boldsymbol{x}^*(s)$における$c^*$の接線と$c$上の点$\boldsymbol{x}(s)$における$c$の接線が直交するとき，曲線$c^*$を曲線$c$の**伸開線**という．

†)　都合によっては，この§2.7を省略しても後の議論に支障はない．

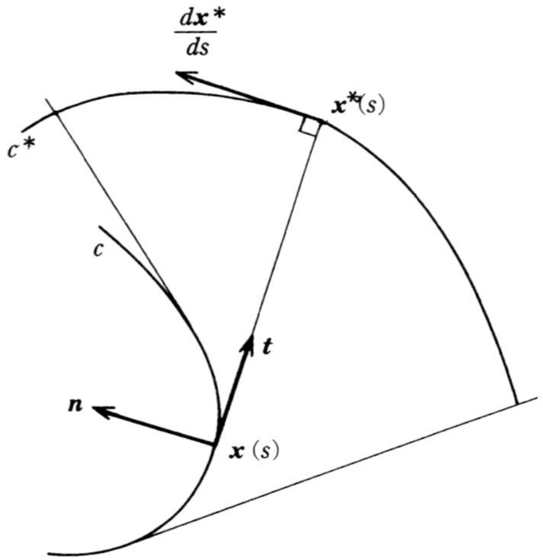

曲線 c： $\boldsymbol{x}=\boldsymbol{x}(s)$ （s は c の弧長）の伸開線を c^*： $\boldsymbol{x}=\boldsymbol{x}^*(s)$ とする．

さて，

$$\boldsymbol{x}^*(s)=\boldsymbol{x}(s)+\alpha(s)\boldsymbol{t}(s) \tag{7.1}$$

である．両辺を s で微分し，c のフルネの公式(4.2) (p.27)を利用すれば，

$$\begin{aligned}\frac{d\boldsymbol{x}^*}{ds}&=\frac{d\boldsymbol{x}}{ds}+\frac{d\alpha}{ds}\boldsymbol{t}+\alpha\frac{d\boldsymbol{t}}{ds}\\&=\boldsymbol{t}+\alpha'\boldsymbol{t}+\alpha k\boldsymbol{n}=(1+\alpha')\boldsymbol{t}+\alpha k\boldsymbol{n}\end{aligned} \tag{7.2}$$

を得る．ここで，$k=k(s)$ は c の曲率である．仮定によって，$d\boldsymbol{x}^*/ds$ と $\boldsymbol{t}$ は垂直であるから，

$$\frac{d\boldsymbol{x}^*}{ds}\cdot\boldsymbol{t}=1+\alpha'=0 \qquad \therefore\quad \alpha=C-s \quad (C\text{は任意な定数})$$

したがって，伸開線 c^* のパラメーター表示(7.1)の右辺は

$$\boldsymbol{x}^*(s)=\boldsymbol{x}(s)+(C-s)\boldsymbol{t}(s)$$

となる．まとめて，次の定理となる．

定理 2.17　正則曲線 c：$\boldsymbol{x}=\boldsymbol{x}(s)$（$s$ は c の弧長）の伸開線 c^* はパラメーター表示

$$\boldsymbol{x}=\boldsymbol{x}^*(s)=\boldsymbol{x}(s)+(C-s)\boldsymbol{t}(s) \tag{7.3}$$

で表される．ただし，Cは任意な定数である．　◇

上の(7.2)に $\alpha=C-s$ を代入すれば，

$$\frac{d\boldsymbol{x}^*}{ds}=(C-s)k\boldsymbol{n}$$

となる．いま，曲線 c：$\boldsymbol{x}=\boldsymbol{x}(s)$上の点 $\boldsymbol{x}(s)$に対してその伸開線上の点 $\boldsymbol{x}^*(s)=\boldsymbol{x}(s)+(C-s)\boldsymbol{t}(s)$をその対応点という．上の式から次の定理が成り立つ．

定理 2.18　曲線 c の点Pに対応する伸開線 c^* 上の点 P^* における c^* の接線は点Pにおける c の主法線に平行である．　◇

縮閉線　曲線 c が曲線 c^* の伸開線であるとき，c^* を c の**縮閉線**という．さて，c の自然なパラメーター表示を $\boldsymbol{x}=\boldsymbol{x}(s)$（$s$ は c の弧長）とし，c^* 上で点 $\boldsymbol{x}(s)$に対応する点を $\boldsymbol{x}^*(s)$とすれば，c^* はパラメーター表示 $\boldsymbol{x}=\boldsymbol{x}^*(s)$（$s$ は c^* の弧長であるとは限らない）で表される．また，c のフルネ標構を$\{\boldsymbol{t},\ \boldsymbol{n},\ \boldsymbol{b}\}$とする．

さて，伸開線の定義とその性質(7.3)および定理2.18によって，$\boldsymbol{x}^*(s)-\boldsymbol{x}(s)\perp\boldsymbol{t}(s)$であるから，

$$\boldsymbol{x}^*(s)=\boldsymbol{x}(s)+\beta(s)\boldsymbol{n}(s)+\gamma(s)\boldsymbol{b}(s) \tag{7.4}$$

とおける．ただし，$\beta=\beta(s)$と $\gamma=\gamma(s)$は C^∞ 関数である．c の曲率，捩率をそれぞれ $k=k(s)$，$\tau=\tau(s)$として，(7.4)の両辺を s で微分すれば，次のようになる．

$$\frac{d\boldsymbol{x}^*}{ds}=\frac{d\boldsymbol{x}}{ds}+\beta'\boldsymbol{n}+\beta\boldsymbol{n}'+\gamma'\boldsymbol{b}+\gamma\boldsymbol{b}'$$

$$\therefore\quad \frac{d\boldsymbol{x}^*}{ds}=(1-\beta k)\boldsymbol{t}+(\beta'-\gamma\tau)\boldsymbol{n}+(\beta\tau+\gamma')\boldsymbol{b} \tag{7.5}$$

ところが，(7.3)によって，点 $\boldsymbol{x}^*(s)$における c^* の接線は $\boldsymbol{x}^*(s)-\boldsymbol{x}(s)$に平行

であるから，

$$\frac{d\boldsymbol{x}^*}{ds}=\lambda(s)(\boldsymbol{x}^*(s)-\boldsymbol{x}(s))$$

とおける．ここで，$\lambda=\lambda(s)$ は C^∞ 関数である．この右辺に(7.4)を代入して，

$$\frac{d\boldsymbol{x}^*}{ds}=\lambda(\beta\boldsymbol{n}+\gamma\boldsymbol{b}) \tag{7.6}$$

を得る．ここで，(7.5)と(7.6)の右辺を比較すれば，次の式が成り立つ．

$$1-\beta k=0, \qquad \beta'-\gamma\tau=\lambda\beta, \qquad \beta\tau'+\gamma'=\lambda\gamma \tag{7.7}$$

まず，(7.7)の第2，第3式から λ を消去すれば，次のようになる．

$$\gamma(\beta'-\gamma\tau)-\beta(\beta\tau+\gamma')=0$$

$$\therefore\quad \tau=\left\{\frac{\beta'\gamma-\beta\gamma'}{\beta^2}\right\}\Big/\left\{1+\left(\frac{\gamma}{\beta}\right)^2\right\}=-\left\{\tan^{-1}\left(\frac{\gamma}{\beta}\right)\right\}'$$

この両辺を s で積分すれば，

$$\tan^{-1}\frac{\gamma}{\beta}=-\int\tau\,ds+C \qquad (C\text{は定数})$$

となる．さて，(7.7)の第1式から，$\beta=1/k=\rho$（ρ は曲率半径）となるから，これを上の式に代入して

$$\gamma=\beta\tan\left(-\int\tau\,ds+C\right)=\rho\tan\left(-\int\tau\,ds+C\right)$$

となる．これと $\beta=\rho$ を(7.4)に代入すると，次のことがわかる．

定理2.19　曲線 c : $\boldsymbol{x}=\boldsymbol{x}(s)$（$s$ は c の弧長）の縮閉線 c^* はパラメーター表示

$$\boldsymbol{x}=x(s)+\rho(s)\boldsymbol{n}(s)+\rho(s)\tan\left(-\int\tau(s)\,ds+C\right)\boldsymbol{b}(s) \tag{7.8}$$

で表される（C は任意な定数）．　◇

演習問題　2

［A］

1.　曲線 $\boldsymbol{x}=(e^t\cos t,\ e^t\sin t,\ e^t)$ $(-\infty<t<\infty)$ の自然なパラメーター表示を求めよ．

2. 曲線$\boldsymbol{x}=\left(\frac{1}{2}(s+\sqrt{s^2+1}),\ \frac{1}{2(s+\sqrt{s^2+1})},\ \frac{1}{2}\sqrt{2}\log(s+\sqrt{s^2+1})\right)$は自然なパラメーター表示であることを証明せよ．

3. 曲線 $\boldsymbol{x}=(\cosh 2t,\ \sinh 2t,\ 2t)$ $(0\leqq t\leqq\pi)$の弧長Lを求めよ．

4. 曲線 $\boldsymbol{x}=(1+t,\ -t,\ 1+t^2)$の $t=1$ に対応する点Pにおける接線と x_1x_2 平面の交点Qを求めよ．

5. 正則曲線 c： $\boldsymbol{x}=\boldsymbol{x}(s)$ $(-\infty<s<\infty)$の曲率 k がすべての点で 0 であれば，c は直線である．ただし，s は弧長である．このことを証明せよ．

6. 正則曲線cの捩率 τ がすべての点で 0 であるための必要十分条件は，c が平面曲線であることである．ただし，すべての点で $k\neq 0$ とする．このことを証明せよ．

7. 次の曲線について，（ ）内に示された点における接線，法平面，主法線，接触平面，従法線，展直面を求めよ．

（1） $\boldsymbol{x}=(1+t,\ t^3-3t,\ 3t^2)$ $(t=0)$

（2） $\boldsymbol{x}=(t,\ t^2,\ t^3)$ $(t=1)$

8. 平面上の正則曲線 $x=x(t)$，$y=y(t)$の曲率 k は次の式で与えられることを証明せよ（$x(t)$，$y(t)$はC^2 級である）．

$$k=\frac{\dot{x}\ddot{y}-\ddot{x}\dot{y}}{\{(\dot{x})^2+(\dot{y})^2\}^{3/2}}$$

9. 平面上の曲線 $y=f(x)$の曲率 k は次の式で与えられることを証明せよ（$f(x)$は C^2 級である）．

$$k=\frac{f''}{(1+f'^2)^{3/2}}$$

10. 平面曲線 $\boldsymbol{x}=\boldsymbol{x}(s)$ $(-\infty<s<\infty)$の曲率 k が 0 でない定数であれば，この曲線は円である．ただし，s は弧長である．このことを証明せよ．

11. 次の曲線の曲率 k と捩率 τ を求めよ．

（1） $\boldsymbol{x}=\left(t,\ \frac{t^2}{2},\ \frac{t^3}{3}\right)$

（2） $\boldsymbol{x}=(t-\sin t,\ 1-\cos t,\ t)$

12. 正則曲線について $k\tau=-\boldsymbol{t}'\cdot\boldsymbol{b}'$ を証明せよ．

13. 常ら線 $\boldsymbol{x}=(a\cos t,\ a\sin t,\ bt)$ $(-\infty<t<\infty)$の伸開線を求めよ．$(a>0)$

14. 曲線 $\boldsymbol{x}=(3t,\ 3t^2,\ 2t^3)$ $(-\infty<t<\infty)$の縮閉線を求めよ．

[B]

1. 関数 $f(x, y, z)$ と $g(x, y, z)$ は微分可能であるとする．曲線 $f(x, y, z)=0$, $g(x, y, z)=0$ の接線と法平面を求めよ．ただし，行列 $\begin{pmatrix} f_x & f_y & f_z \\ g_x & g_y & g_z \end{pmatrix}$ の階数は 2 であるとする．

2. 曲線 $\boldsymbol{x}=(at, bt^2, t^3)$ $(-\infty<t<\infty)$ の接線は，$2b^2=3a$ ならば，直線 $l: y=0, z-x=0$ と一定の角で交わることを証明せよ．

3. 正則曲線の接線が常にある定方向と一定な角をなすとき，この曲線を**定傾曲線**という．正則曲線が定傾曲線であるための必要十分条件は，その曲率 k と捩率 τ の比 τ/k が一定であることである．ただし，$k \neq 0$ とする．このことを証明せよ．

4. 曲線 $\boldsymbol{x}=(3t-t^3, 3t^2, 3t+t^3)$ $(-\infty<t<\infty)$ は定傾曲線である．このことを証明せよ．

5. 正則曲線 c が半径 a の球面上にあるならば，次の式が成り立つことを証明せよ．ただし，ρ は曲率半径，τ は捩率である．

（1）　$\rho^2+\left(\dfrac{\rho'}{\tau}\right)^2=a^2$

（2）　$\rho\tau+\left(\dfrac{\rho'}{\tau}\right)'=0$

6. 正則曲線 $c: \boldsymbol{x}=\boldsymbol{x}(s)$（$s$ は c の弧長）の伸開線 $\boldsymbol{x}=\boldsymbol{x}(s)+(C-s)\boldsymbol{t}(s)$（$C$ は定数）の曲率 k^* は次の式で与えられることを証明せよ．

$$(k^*)^2=\frac{k^2+\tau^2}{(C-s)^2k^2}$$

ただし，k と τ はそれぞれ c の曲率と捩率であり，$\boldsymbol{t}$ は c の単位接ベクトルである．

7. 空間で正則曲線 c の曲率 $k \neq 0$ と捩率 τ が一定であるための必要十分条件は，c が常ら線であることである．このことを証明せよ．

第3章　曲　面

§3.1　局所曲面

uv 平面で円板$\{(u,v)\mid u^2+v^2<1\}$と位相幾何学的に同形な開領域を**開板**という．開板 U からユークリッド空間 E^3 の中への連続写像 $\phi: U \longrightarrow E^3$ について，E^3 の点 $\phi(u, v)$ $((u, v)\in U)$の位置ベクトルを $\boldsymbol{x}(u, v)$とする．このとき，点 $\phi(u, v)$を点 $\boldsymbol{x}(u, v)$とよぶことにする．ベクトル関数 $\boldsymbol{x}(u, v)$が

$$\boldsymbol{x}(u, v)=(x_1(u, v), x_2(u, v), x_3(u, v))$$

で表されたとき，3つの関数 $x_1(u, v)$, $x_2(u, v)$, $x_3(u, v)$は開板U上で定義された連続関数である．このとき，写像 $\phi: U \longrightarrow E^3$ は方程式

$$\boldsymbol{x}=\boldsymbol{x}(u, v) \qquad ((u, v)\in U)$$

または

$$x_1=x_1(u, v), \quad x_2=x_2(u, v), \quad x_3=x_3(u, v) \qquad ((u, v)\in U)$$

で表されるという．さて，3つの関数 $x_1(u, v)$, $x_2(u, v)$, $x_3(u, v)$が C^∞ 級であるとき，ベクトル関数 $\boldsymbol{x}(u, v)$または写像 $\phi: U \longrightarrow E^3$ は C^∞ 級であるという．$\boldsymbol{x}(u, v)$が C^∞ 級であるとき，その偏導関数は

$$\boldsymbol{x}_u=\frac{\partial \boldsymbol{x}}{\partial u}=\left(\frac{\partial x_1}{\partial u}, \frac{\partial x_2}{\partial u}, \frac{\partial x_3}{\partial u}\right), \qquad \boldsymbol{x}_v=\frac{\partial \boldsymbol{x}}{\partial v}=\left(\frac{\partial x_1}{\partial v}, \frac{\partial x_2}{\partial v}, \frac{\partial x_3}{\partial v}\right)$$

である．さらに，C^∞ 関数 $\boldsymbol{x}(u, v)$の高次導関数を普通の関数の場合に準じた記号で表す．

さて，C^∞ 写像 $\phi: U \longrightarrow E^3$ によるUの像 $S=\phi(U)$は E^3 の部分集合である(Sには E^3 の位相から導かれた相対位相を与える)．次の条件(i)，(ii)が成り立つとき，組(U, ϕ, S)を**局所曲面**という．

(i)　$\phi: U \longrightarrow E^3$ は1対1であって，$\phi^{-1}: S \longrightarrow U$ は連続である．

(ii)　ϕ の**ヤコビ行列**の階数は2である．すなわち，

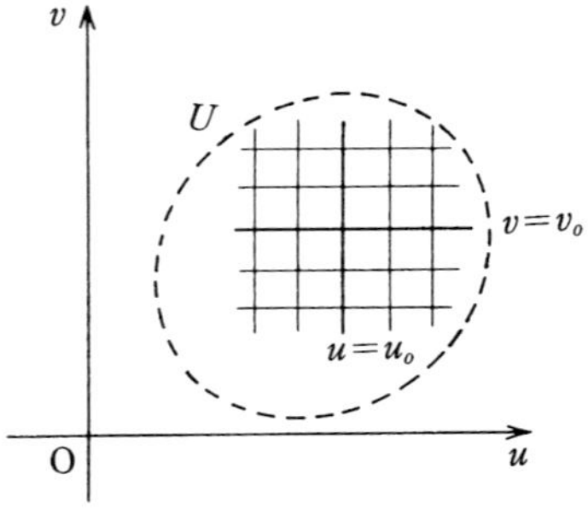

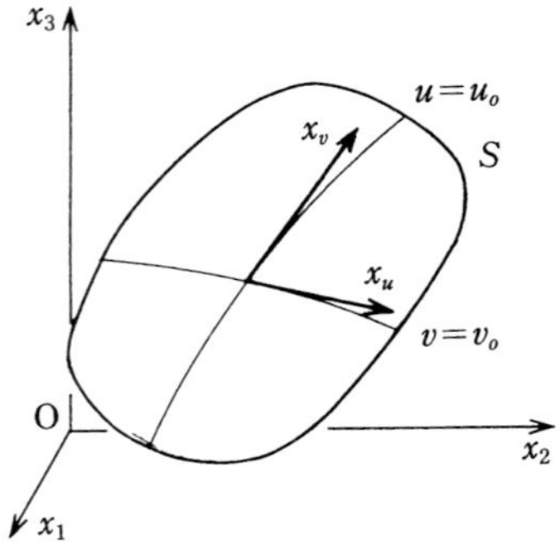

$$\mathrm{rank}\begin{pmatrix} \partial x_1/\partial u & \partial x_1/\partial v \\ \partial x_2/\partial u & \partial x_2/\partial v \\ \partial x_3/\partial u & \partial x_3/\partial v \end{pmatrix} = 2 \qquad (1.1)$$

ただし，$\boldsymbol{x}=\boldsymbol{x}(u,\ v)=(x_1(u,\ v),\ x_2(u,\ v),\ x_3(u,\ v))$であるとする．このとき，局所曲面$(U,\ \phi,\ S)$は方程式

$$\boldsymbol{x}=\boldsymbol{x}(u,\ v) \qquad ((u,\ v)\in U) \qquad (1.2)$$

または

$$x_1=x_1(u,\ v),\ x_2=x_2(u,\ v),\ x_3=x_3(u,\ v) \qquad ((u,\ v)\in U) \qquad (1.3)$$

で表されるといい，(1.2)または(1.3)を局所曲面$(U,\ \phi,\ S)$の**パラメーター表示**という．また，$(u,\ v)$を**パラメーター**という．混乱するおそれがないとき，局所曲面$(U,\ \phi,\ S)$を簡単に局所曲面Sということが多い．なお，局所曲面の条件(ii)は次の条件(ii)′または(ii)″と同値である．

(ii)′　$\boldsymbol{x}_u\times\boldsymbol{x}_v\neq\boldsymbol{0}$

(ii)″　$\boldsymbol{x}_u$ と $\boldsymbol{x}_v$ は1次独立である．

局所曲面$(U,\ \phi,\ S)$のパラメーター表示を $\boldsymbol{x}=\boldsymbol{x}(u,\ v)$，$((u,\ v)\in U)$とする．条件 $v=v_0$ (v_0 は定数)を満たしながらuが変化すれば，パラメーター表示 $\boldsymbol{x}=\boldsymbol{x}(u,\ v_0)$で表される曲線が局所曲面$S$上に得られる．この曲線を **$\boldsymbol{u}$ 曲線** $v=v_0$ という．同様に，**$\boldsymbol{v}$ 曲線** $u=u_0$ はパラメーター表示 $\boldsymbol{x}=\boldsymbol{x}(u_0,\ v)$で表される．また，写像 $\phi:U\longrightarrow S$ は1対1であるから，u 曲線 $v=v_0$ と v 曲線 $u=u_0$

はただ1点 $\boldsymbol{x}(u_0, v_0)$ で交わる．u 曲線と v 曲線を合わせて**座標曲線**とよぶ．また，(u, v) を点 $\boldsymbol{x}(u, v)$ の局所曲面 S 上での**座標**といい，S 上でこの点 $\boldsymbol{x}(u, v)$ を点 $\mathrm{P}(u, v)$ または単に (u, v) と表記することが多い．したがって，局所曲面 S 上には2組の座標曲線の族があって，S は座標曲線で作られた網で被われる．局所曲面 (U, ϕ, S) を局所曲面 S とよんだが，これをさらに簡単に曲面 S とよぶことがある．さて，曲面 S 上の各点 $\boldsymbol{x}(u, v)$ を通る u 曲線，v 曲線の接ベクトルはそれぞれ

$$\boldsymbol{x}_u=\frac{\partial \boldsymbol{x}(u, v)}{\partial u}\neq\boldsymbol{0}, \qquad \boldsymbol{x}_v=\frac{\partial \boldsymbol{x}(u, v)}{\partial v}\neq\boldsymbol{0}$$

であるから，座標曲線は正則曲線である．

例題 3.1 球面 $(x_1)^2+(x_2)^2+(x_3)^2=1$ から2点 $\mathrm{P}(0, 0, 1)$ と $\mathrm{Q}(0, 0, -1)$ を結ぶ1つの半大円を除外して得られる点集合を S とする．また，$\theta\phi$ 平面上の開板 $U=\{(\theta, \phi)\mid 0<\theta<2\pi, 0<\phi<\pi\}$ を考え，写像 $\phi: U \longrightarrow E^3$ をパラメーター表示

$$\boldsymbol{x}=(\cos\theta\sin\phi, \sin\theta\sin\phi, \cos\phi) \qquad ((\theta, \phi)\in U)$$

で定義すれば，$\phi(U)=S$ となる．このとき，(U, ϕ, S) は局所曲面である．このことを証明せよ．

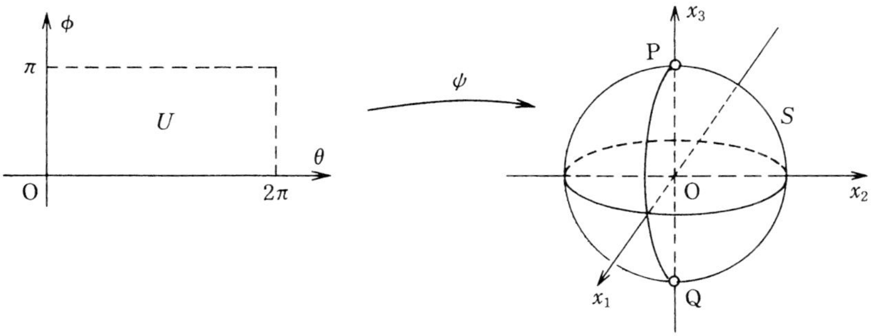

(解答) 明らかに，$\phi: U \longrightarrow E^3$ は C^∞ 級であり，$\phi(U)=S$ である．また，$\phi: U \longrightarrow S$ は1対1であり，ϕ^{-1} も連続写像である．さて，

$$\boldsymbol{x}_\theta=(-\sin\theta\sin\phi,\ \cos\theta\sin\phi,\ 0)$$
$$\boldsymbol{x}_\phi=(\cos\theta\cos\phi,\ \sin\theta\cos\phi,\ -\sin\phi)$$

であるから,

$$\|\boldsymbol{x}_\theta\times\boldsymbol{x}_\phi\|=\sin\phi\neq 0\qquad(\because\ 0<\phi<\pi)$$
$$\therefore\quad \boldsymbol{x}_\theta\times\boldsymbol{x}_\phi\neq\boldsymbol{0}\qquad\Diamond$$

許容変換　$\theta\phi$ 平面上の開板 V から uv 平面上の開板 U の上への写像 $f: V\longrightarrow U$ を考える．任意の $(\theta,\ \phi)\in V$ に対して $f(\theta,\ \phi)=(u(\theta,\ \phi),\ v(\theta,\ \phi))\in U$ としたとき，V 上で定義された関数

$$u=u(\theta,\ \phi),\qquad v=v(\theta,\ \phi)\qquad((\theta,\ \phi)\in V)\tag{1.4}$$

が C^∞ 級であるとき，写像 $f: V\longrightarrow U$ は C^∞ 級であるという．さらに，C^∞ 写像 $f: V\longrightarrow U$ が1対1であって，$f^{-1}: U\longrightarrow V$ が連続であるとき，写像 $f: V\longrightarrow U$ を C^∞ **位相写像**という．

さて，C^∞ 位相写像 $f: V\longrightarrow U$ について，(1.4)で与えられた関数 $u=u(\theta,\ \phi)$, $v=v(\theta,\ \phi)$ $((\theta,\ \phi)\in V)$ すなわち，写像 f のヤコビアンが0でない，つまり

$$\frac{\partial(u,\ v)}{\partial(\theta,\ \phi)}=\begin{vmatrix}\partial u/\partial\theta & \partial u/\partial\phi\\ \partial v/\partial\theta & \partial v/\partial\phi\end{vmatrix}\neq 0\tag{1.5}$$

であるとき，$f: V\longrightarrow U$ を**許容変換**といい，(1.4)をその**変換式**という．次の

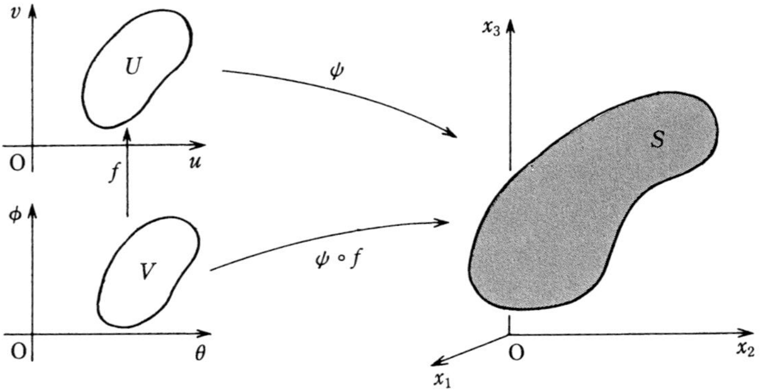

ことが成り立つ．

局所曲面$(U,\ \psi,\ S)$と許容変換$f: V \longrightarrow U$について，$(V,\ \psi\circ f,\ S)$は局所曲面である．

［**証明**］　$(U,\ \psi,\ S)$が $\boldsymbol{x}=\boldsymbol{x}(u,\ v)$ $((u,\ v)\in U)$で，$f: V \longrightarrow U$が $u=u(\theta,\ \phi)$，$v=v(\theta,\ \phi)$で表示されていれば，$\psi\circ f: V \longrightarrow E^3$は

$$\boldsymbol{x}=\boldsymbol{x}(u(\theta,\ \phi),\ v(\theta,\ \phi)) \qquad ((\theta,\ \phi)\in V)$$

で表示される．いま，$\boldsymbol{x}^*(\theta,\ \phi)=\boldsymbol{x}(u(\theta,\ \phi),\ v(\theta,\ \phi))$とすれば，

$$\boldsymbol{x}^*_\theta=\frac{\partial u}{\partial\theta}\boldsymbol{x}_u+\frac{\partial v}{\partial\theta}\boldsymbol{x}_v, \qquad \boldsymbol{x}^*_\phi=\frac{\partial u}{\partial\phi}\boldsymbol{x}_u+\frac{\partial v}{\partial\phi}\boldsymbol{x}_v$$

$$\therefore \quad \boldsymbol{x}^*_\theta\times\boldsymbol{x}^*_\phi=\left(\frac{\partial u}{\partial\theta}\boldsymbol{x}_u+\frac{\partial v}{\partial\theta}\boldsymbol{x}_v\right)\times\left(\frac{\partial u}{\partial\phi}\boldsymbol{x}_u+\frac{\partial v}{\partial\phi}\boldsymbol{x}_v\right)$$

$$=\begin{vmatrix}\partial u/\partial\theta & \partial u/\partial\phi \\ \partial v/\partial\theta & \partial v/\partial\phi\end{vmatrix}\boldsymbol{x}_u\times\boldsymbol{x}_v=\frac{\partial(u,\ v)}{\partial(\theta,\ \phi)}\boldsymbol{x}_u\times\boldsymbol{x}_v$$

仮定によって，$\dfrac{\partial(u,\ v)}{\partial(\theta,\ \phi)}\neq 0$，$\boldsymbol{x}_u\times\boldsymbol{x}_v\neq\boldsymbol{0}$ であるから，

$$\boldsymbol{x}^*_\theta\times\boldsymbol{x}^*_\phi\neq\boldsymbol{0}$$

すなわち，$(V,\ \psi\circ f,\ S)$は局所曲面である．　◇

さて，許容変換$f: V \longrightarrow U$と局所曲面$(U,\ \psi,\ S)$を組み合わせて局所曲面$(V,\ \psi\circ f,\ S)$を作ることを，局所曲面Sにおいてパラメーター$(u,\ v)$を$(\theta,\ \phi)$に**変換**するといい，(1.4)で与えられた $u=u(\theta,\ \phi)$，$v=v(\theta,\ \phi)$をパラメーターの**変換式**という．このとき，局所曲面$(U,\ \psi,\ S)$と$(V,\ \psi\circ f,\ S)$は図形的に同一の曲面を表すと考える．

§3.2　接ベクトル

曲面上の曲線　局所曲面$(U,\ \psi,\ S)$を考える．区間IからSの中への連続写像$c: I \longrightarrow S$を曲面S上の**連続曲線**という．さて，$\gamma=\psi^{-1}\circ c$ とおけば，$\gamma: I \longrightarrow U\subset E^2$ (E^2はuv平面)であるから，γは平面上の連続曲線である．曲線γのパラメーター表示

$$u=u(t), \qquad v=v(t) \qquad (t\in I) \tag{2.1}$$

を曲面 S 上の曲線 c の $(U,\ \phi,\ S)$ に関するパラメーター表示という．$u(t)$ と $v(t)$ が C^∞ 関数であるとき，曲線 $c: I \longrightarrow S$ は C^∞ 曲線であるという．今後，曲面上では C^∞ 曲線だけを考えるので，単に曲面上の曲線といえば，C^∞ 曲線を意

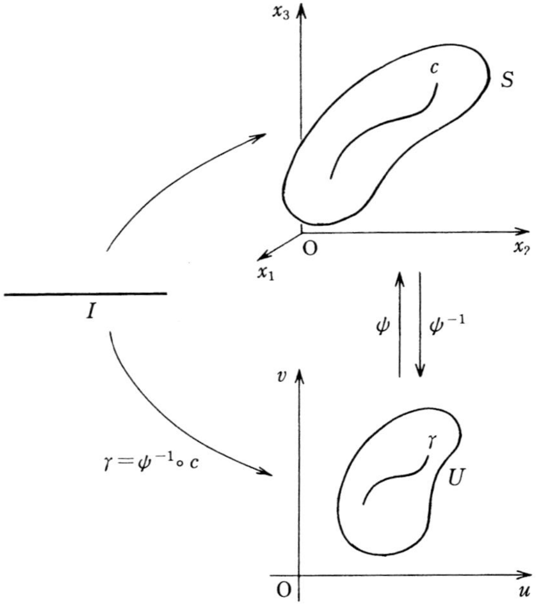

味するとする．曲面 S のパラメーター表示 $\boldsymbol{x}=\boldsymbol{x}(u,\ v)$ $((u,\ v)\in U)$ の右辺に，S 上の曲線 c のパラメーター表示 $u=u(t), v=v(t)$ $(t\in I)$ に代入して得られる

$$\boldsymbol{x}=\boldsymbol{x}(u(t),\ v(t)) \qquad (t\in I) \tag{2.2}$$

は空間における曲線 c のパラメーター表示である．(2.2) の両辺を t で微分すれば，曲線 c 上の各点における接ベクトル

$$\dot{c}(t)=\frac{d\boldsymbol{x}(u(t),\ v(t))}{dt}=\frac{du}{dt}\boldsymbol{x}_u+\frac{dv}{dt}\boldsymbol{x}_v \tag{2.3}$$

が得られる．すなわち，c 上の各点 P で接ベクトル $\dot{c}(\mathrm{P})$ は $\boldsymbol{x}_u(\mathrm{P})$ と $\boldsymbol{x}_v(\mathrm{P})$ の 1 次結合である．

接ベクトル 曲面S上の点Pにおいて，ベクトル$\boldsymbol{a}$を考える．この$\boldsymbol{a}$が点Pを通り，この曲面上にある曲線cの点Pにおける接ベクトルであるとき，ベクトル$\boldsymbol{a}$を点Pにおける曲面Sの**接ベクトル**という．このとき，(2.3)からわかるように，$\boldsymbol{a}$は$(\boldsymbol{x}_u)_{\mathrm{P}}$と$(\boldsymbol{x}_v)_{\mathrm{P}}$の1次結合である．ただし，$(\boldsymbol{x}_u)_{\mathrm{P}}$，$(\boldsymbol{x}_v)_{\mathrm{P}}$はそれぞれ$\boldsymbol{x}_u, \boldsymbol{x}_v$の点Pにおける値である．逆に，$(\boldsymbol{x}_u)_{\mathrm{P}}$と$(\boldsymbol{x}_v)_{\mathrm{P}}$の1次結合 $\boldsymbol{a}=\xi(\boldsymbol{x}_u)_{\mathrm{P}}+\eta(\boldsymbol{x}_v)_{\mathrm{P}}$ を任意にとれば，点Pを通る曲面S上の曲線c：$u=u_0+\xi t, v=v_0+\eta t$ $(-\varepsilon<t<\varepsilon$，$\varepsilon$はある正の数)を考えると $\boldsymbol{a}=\dot{c}(0)$となる（点Pの座標を$(u_0, v_0)$とする）．したがって，このベクトル$\boldsymbol{a}$は点Pにおける曲面$S$の接ベクトルである．ゆえに，曲面$S$の点Pにおける接ベクトル全体を$T_{\mathrm{P}}(S)$で表せば，

$$T_{\mathrm{P}}(S)=\{\xi(\boldsymbol{x}_u)_{\mathrm{P}}+\eta(\boldsymbol{x}_v)_{\mathrm{P}} \mid \xi, \ \eta\in\boldsymbol{R}\}$$

となる．したがって，$(\boldsymbol{x}_u)_{\mathrm{P}}$と$(\boldsymbol{x}_v)_{\mathrm{P}}$は1次独立であるから，$T_{\mathrm{P}}(S)$は2次元線形空間であり，$\{(\boldsymbol{x}_u)_{\mathrm{P}}, (\boldsymbol{x}_v)_{\mathrm{P}}\}$はその基底である．この$T_{\mathrm{P}}(S)$を曲面$S$の点Pにおける**接空間**という．また，点Pを通り，$(\boldsymbol{x}_u)_{\mathrm{P}}$と$(\boldsymbol{x}_v)_{\mathrm{P}}$に平行な平面を**接平面**という．$T_{\mathrm{P}}(S)$の元，すなわち点Pにおける接ベクトル $\boldsymbol{a}=\xi(\boldsymbol{x}_u)_{\mathrm{P}}+\eta(\boldsymbol{x}_v)_{\mathrm{P}}$ に対して(ξ, η)を$\boldsymbol{a}$の局所曲面(U, ϕ, S)についての**成分**という．なお，点Pにおける接ベクトルは点Pにおける接平面に平行である．

単位法ベクトル 曲面S上の各点において単位ベクトル

$$\boldsymbol{N}=\frac{\boldsymbol{x}_u\times\boldsymbol{x}_v}{\|\boldsymbol{x}_u\times\boldsymbol{x}_v\|} \tag{2.4}$$

は曲面Sの**単位法ベクトル**といい，$\boldsymbol{N}$は曲面上の各点でその点における接平面に垂直である．さて，$-\boldsymbol{N}$も曲面Sの単位法ベクトルとみなせるが，とくに断わらない限り，単位法ベクトルといえば，上の(2.4)で定義した$\boldsymbol{N}$を意味するものとする．

パラメーター変換と接ベクトル 局所曲面(U, ϕ, S)と許容変換$f: V\longrightarrow U$を考え，fを表す変換式を $u=u(\theta, \phi)$，$v=v(\theta, \phi)$ $((\theta, \phi)\in V)$とする．また，(U, ϕ, S) が $\boldsymbol{x}=\boldsymbol{x}(u, v)$ で表示されていれば，局所曲面 $(V, \phi\circ f, S)$は $\boldsymbol{x}=\boldsymbol{x}(u(\theta, \phi), v(\theta, \phi))$で表示される．いま，

$$\boldsymbol{x}^*(\theta, \phi)=\boldsymbol{x}(u(\theta, \phi), v(\theta, \phi))$$

とおくと，

$$\boldsymbol{x}_\theta^* = \frac{\partial u}{\partial \theta}\boldsymbol{x}_u + \frac{\partial v}{\partial \theta}\boldsymbol{x}_v, \qquad \boldsymbol{x}_\phi^* = \frac{\partial u}{\partial \phi}\boldsymbol{x}_u + \frac{\partial v}{\partial \phi}\boldsymbol{x}_v \tag{2.5}$$

となる．(2.5)を解いて

$$\boldsymbol{x}_u = \frac{\partial \theta}{\partial u}\boldsymbol{x}_\theta^* + \frac{\partial \phi}{\partial u}\boldsymbol{x}_\phi^*, \qquad \boldsymbol{x}_v = \frac{\partial \theta}{\partial v}\boldsymbol{x}_\theta^* + \frac{\partial \phi}{\partial v}\boldsymbol{x}_\phi^* \tag{2.6}$$

となる．さて，S 上の点Pにおける S の接ベクトル $\boldsymbol{a}$ をとり，$\boldsymbol{a}$ が (U, φ, S) と $(V, \varphi\circ f, S)$ についてそれぞれ成分 (ξ, η) と (ξ^*, η^*) をもつとすれば，

$$\boldsymbol{a} = \xi(\boldsymbol{x}_u)_{\mathrm{P}} + \eta(\boldsymbol{x}_v)_{\mathrm{P}}, \qquad \boldsymbol{a} = \xi^*(\boldsymbol{x}_\theta^*)_{\mathrm{P}} + \eta^*(\boldsymbol{x}_\phi^*)_{\mathrm{P}}$$

が成り立つ．左側の式に(2.6)を代入し，左右の式の右辺を比較すれば，

$$\xi^* = \left(\frac{\partial \theta}{\partial u}\right)_{\mathrm{P}}\xi + \left(\frac{\partial \theta}{\partial v}\right)_{\mathrm{P}}\eta, \qquad \eta^* = \left(\frac{\partial \phi}{\partial u}\right)_{\mathrm{P}}\xi + \left(\frac{\partial \phi}{\partial v}\right)_{\mathrm{P}}\eta \tag{2.7}$$

を得る．これを接ベクトルの成分の**変換式**または簡単に**ベクトルの変換式**という．この(2.7)は局所曲面のパラメーターの変換に伴う接ベクトルの成分の変化を示す．

上の(2.5)を利用すれば，

$$\boldsymbol{x}_\theta^* \times \boldsymbol{x}_\phi^* = \Delta\,(\boldsymbol{x}_u \times \boldsymbol{x}_v), \qquad \Delta = \frac{\partial(u, v)}{\partial(\theta, \phi)}$$

が得られる．したがって，

$$\boldsymbol{N} = \frac{\boldsymbol{x}_u \times \boldsymbol{x}_v}{\|\boldsymbol{x}_u \times \boldsymbol{x}_v\|}, \qquad \boldsymbol{N}^* = \frac{\boldsymbol{x}_\theta \times \boldsymbol{x}_\phi}{\|\boldsymbol{x}_\theta \times \boldsymbol{x}_\phi\|}$$

とすれば，次の式が成り立つ．

$$\boldsymbol{N}^* = \begin{cases} \boldsymbol{N} & (\Delta > 0) \\ -\boldsymbol{N} & (\Delta < 0) \end{cases} \qquad \Delta = \frac{\partial(u, v)}{\partial(\theta, \phi)} \tag{2.8}$$

この(2.8)は局所曲面のパラメーター変換に伴う，単位法ベクトルの変化を示す．さて，$\Delta>0$ つまり $\boldsymbol{N}^*=\boldsymbol{N}$ であるとき，(U, φ, S) と $(V, \varphi\circ f, S)$ は**同じ向き**をもつという．また，$\Delta<0$ つまり $\boldsymbol{N}^*=-\boldsymbol{N}$ であるとき，(U, φ, S) と $(V, \varphi\circ f, S)$ は互いに**反対の向き**をもつという．

例題 3.2　例題3.1(p.41)の球面 $\boldsymbol{x}=(\cos\theta\sin\phi, \sin\theta\sin\phi, \cos\phi)$ $(0<\theta<2\pi, 0<\phi<\pi)$ について，単位法ベクトル $\boldsymbol{N}$ を求めよ．

（解答）
$$\boldsymbol{x}_\theta=(-\sin\theta\sin\phi,\ \cos\theta\sin\phi,\ 0)$$
$$\boldsymbol{x}_\phi=(\cos\theta\cos\phi,\ \sin\theta\cos\phi,\ -\sin\phi)$$

であるから，

$$\boldsymbol{x}_\theta\times\boldsymbol{x}_\phi=\begin{vmatrix}\boldsymbol{e}_1 & -\sin\theta\sin\phi & \cos\theta\cos\phi\\ \boldsymbol{e}_2 & \cos\theta\sin\phi & \sin\theta\cos\phi\\ \boldsymbol{e}_3 & 0 & -\sin\phi\end{vmatrix}$$
$$=-(\cos\theta\sin^2\phi)\boldsymbol{e}_1-(\sin\theta\sin^2\phi)\boldsymbol{e}_2-(\sin\phi\cos\phi)\boldsymbol{e}_3$$
$$\therefore\quad \|\boldsymbol{x}_\theta\times\boldsymbol{x}_\phi\|^2=(-\cos\theta\sin^2\phi)^2+(-\sin\theta\sin^2\phi)^2+(-\sin\phi\cos\phi)^2$$
$$=\sin^2\phi$$
$$\therefore\quad \|\boldsymbol{x}_\theta\times\boldsymbol{x}_\phi\|=\sin\phi$$

したがって，

$$\boldsymbol{N}=\frac{\boldsymbol{x}_\theta\times\boldsymbol{x}_\phi}{\|\boldsymbol{x}_\theta\times\boldsymbol{x}_\phi\|}=-(\cos\theta\sin\phi)\boldsymbol{e}_1-(\sin\theta\sin\phi)\boldsymbol{e}_2-(\cos\theta)\boldsymbol{e}_3$$
$$=-\boldsymbol{x}\qquad\diamondsuit$$

§3.3　第1基本量

局所曲面$(U,\ \psi,\ S)$のパラメーター表示を $\boldsymbol{x}=\boldsymbol{x}(u,\ v)$ $((u,\ v)\in U)$とする．S上の点$\mathrm{P}(u,\ v)$とそれに近い点$\mathrm{Q}(u+du,\ v+dv)$をとり，微小ベクトル$\overrightarrow{\mathrm{PQ}}$について

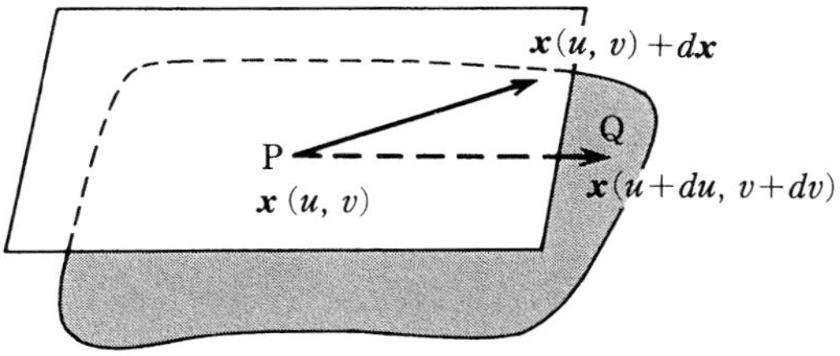

$$\overrightarrow{\mathrm{PQ}}=\boldsymbol{x}(u+du,\ v+dv)-\boldsymbol{x}(u,\ v)$$
$$=\boldsymbol{x}_u\,du+\boldsymbol{x}_v\,dv+\boldsymbol{o}(\sqrt{(du)^2+(dv)^2})$$

が成り立つ．すなわち，ベクトル関数 $\boldsymbol{x}=\boldsymbol{x}(u,\ v)$ の微分

$$d\boldsymbol{x}=\boldsymbol{x}_u\,du+\boldsymbol{x}_v\,dv$$

は $\overrightarrow{\mathrm{PQ}}$ を近似する．したがって，微小距離 $\overline{\mathrm{PQ}}$ の2乗は次の式で近似される．

$$\begin{aligned}I(du,\ dv)&=d\boldsymbol{x}\cdot d\boldsymbol{x}\\&=(\boldsymbol{x}_u\,du+\boldsymbol{x}_v\,dv)\cdot(\boldsymbol{x}_u\,du+\boldsymbol{x}_v\,dv)\\&=(\boldsymbol{x}_u\cdot\boldsymbol{x}_u)(du)^2+2(\boldsymbol{x}_u\cdot\boldsymbol{x}_v)du\,dv+(\boldsymbol{x}_v\cdot\boldsymbol{x}_v)(dv)^2\end{aligned}$$

ここで，

$$E=\boldsymbol{x}_u\cdot\boldsymbol{x}_u,\qquad F=\boldsymbol{x}_u\cdot\boldsymbol{x}_v,\qquad G=\boldsymbol{x}_v\cdot\boldsymbol{x}_v \tag{3.1}$$

とおいて，これらを局所曲面 $(U,\ \psi,\ S)$ の**第1基本量**という．このとき，

$$I(du,\ dv)=E(du)^2+2F\,du\,dv+G(dv)^2 \tag{3.2}$$

であり，これを $(U,\ \psi,\ S)$ の**第1基本微分形式**という．(3.2)の右辺を**線素**といい，記号 ds^2 で表すことがある．

上の(3.1)で定義した $E,\ F,\ G$ について，$\boldsymbol{x}_u\cdot\boldsymbol{x}_u>0$，$\boldsymbol{x}_v\cdot\boldsymbol{x}_v>0$ が成り立つから，

$$E>0,\qquad G>0 \tag{3.3}$$

が成立する．また，演習問題1-B，5 (p.11)によって

$$EG-F^2=(\boldsymbol{x}_u\cdot\boldsymbol{x}_u)(\boldsymbol{x}_v\cdot\boldsymbol{x}_v)-(\boldsymbol{x}_u\cdot\boldsymbol{x}_v)^2=\|\boldsymbol{x}_u\times\boldsymbol{x}_v\|^2 \tag{3.4}$$

であり，$\boldsymbol{x}_u\times\boldsymbol{x}_v\neq\boldsymbol{0}$ であるから，次の不等式が成り立つ．

$$EG-F^2>0$$

第1基本量の変換式　局所曲面 $(U,\ \psi,\ S)$ においてパラメーターの許容変換 f：$u=u(\theta,\phi)$，$v=v(\theta,\phi)$ を実行すれば，$\boldsymbol{x}^*(\theta,\phi)=\boldsymbol{x}(u(\theta,\phi),\ v(\theta,\ \phi))$ とおくと，(2.5) (p.46)により，局所曲面 $(V,\ \psi\circ f,\ S)$ の第1基本量は

$$E^*=\boldsymbol{x}^*_\theta\cdot\boldsymbol{x}^*_\theta,\qquad F^*=\boldsymbol{x}^*_\theta\cdot\boldsymbol{x}^*_\phi,\qquad G^*=\boldsymbol{x}^*_\phi\cdot\boldsymbol{x}^*_\phi$$

で与えられる．したがって，次の計算をすることができる．

$$E^*=\left(\frac{\partial u}{\partial\theta}\boldsymbol{x}_u+\frac{\partial v}{\partial\theta}\boldsymbol{x}_v\right)\cdot\left(\frac{\partial u}{\partial\theta}\boldsymbol{x}_u+\frac{\partial v}{\partial\theta}\boldsymbol{x}_v\right)$$

$$\therefore \quad E^* = \left(\frac{\partial u}{\partial \theta}\right)^2 E + 2\frac{\partial u}{\partial \theta}\frac{\partial v}{\partial \theta}F + \left(\frac{\partial v}{\partial \theta}\right)^2 G$$

同様に，F^*，G^* を求めれば，次のように第1基本量の変換式が求まる．

$$E^* = \left(\frac{\partial u}{\partial \theta}\right)^2 E + 2\frac{\partial u}{\partial \theta}\frac{\partial v}{\partial \theta}F + \left(\frac{\partial v}{\partial \theta}\right)^2 G$$

$$F^* = \frac{\partial u}{\partial \theta}\frac{\partial u}{\partial \phi}E + \left(\frac{\partial u}{\partial \theta}\frac{\partial v}{\partial \phi} + \frac{\partial u}{\partial \phi}\frac{\partial v}{\partial \theta}\right)F + \frac{\partial v}{\partial \theta}\frac{\partial v}{\partial \phi}G \qquad (3.5)$$

$$G^* = \left(\frac{\partial u}{\partial \phi}\right)^2 E + 2\frac{\partial u}{\partial \phi}\frac{\partial v}{\partial \phi}F + \left(\frac{\partial v}{\partial \phi}\right)^2 G$$

さらに，上の(3.5)は次の行列の等式と同値である．

$$\begin{pmatrix} E^* & F^* \\ F^* & G^* \end{pmatrix} = J^t \begin{pmatrix} E & F \\ F & G \end{pmatrix} J, \qquad J = \begin{pmatrix} \partial u/\partial \theta & \partial u/\partial \phi \\ \partial v/\partial \theta & \partial v/\partial \phi \end{pmatrix} \qquad (3.6)$$

ここで，J^t は行列 J の転置行列である．さて，

$$|J| = |J^t| = \frac{\partial(u,\ v)}{\partial(\theta,\ \phi)}$$

であるから，上の(3.6)の両辺の行列式を作れば，次の式が得られる．

$$\begin{vmatrix} E^* & F^* \\ F^* & G^* \end{vmatrix} = \left\{\frac{\partial(u,\ v)}{\partial(\theta,\ \phi)}\right\}^2 \begin{vmatrix} E & F \\ F & G \end{vmatrix}$$

$$\therefore \quad E^*G^* - F^{*2} = \left\{\frac{\partial(u,\ v)}{\partial(\theta,\ \phi)}\right\}^2 (EG - F^2) \qquad (3.7)$$

さて，関数 $u = u(\theta,\ \phi)$，$v = v(\theta,\ \phi)$ の微分はそれぞれ

$$du = \frac{\partial u}{\partial \theta}d\theta + \frac{\partial u}{\partial \phi}d\phi, \qquad dv = \frac{\partial v}{\partial \theta}d\theta + \frac{\partial v}{\partial \phi}d\phi$$

である．これと(2.5)(p.46)を利用すれば，次の計算ができる．

$$d\boldsymbol{x}^* = \boldsymbol{x}^*_\theta d\theta + \boldsymbol{x}^*_\phi d\phi = \left(\frac{\partial u}{\partial \theta}\boldsymbol{x}_u + \frac{\partial v}{\partial \theta}\boldsymbol{x}_v\right)d\theta + \left(\frac{\partial u}{\partial \phi}\boldsymbol{x}_u + \frac{\partial v}{\partial \phi}\boldsymbol{x}_v\right)d\phi$$

$$= \boldsymbol{x}_u\left(\frac{\partial u}{\partial \theta}d\theta + \frac{\partial u}{\partial \phi}d\phi\right) + \boldsymbol{x}_v\left(\frac{\partial v}{\partial \theta}d\theta + \frac{\partial v}{\partial \phi}d\phi\right)$$

$$= \boldsymbol{x}_u\,du + \boldsymbol{x}_v\,dv = d\boldsymbol{x}$$

ところで，$ds^2 = I(du,\ dv) = d\boldsymbol{x}\cdot d\boldsymbol{x}$，$(ds^*)^2 = I^*(d\theta,\ d\phi) = d\boldsymbol{x}^*\cdot d\boldsymbol{x}^*$ であるから，

$$(ds^*)^2 = I^*(d\theta,\ d\phi) = I(du,\ dv) = ds^2 \qquad (3.8)$$

である．つまり，

　第1基本微分形式 $ds^2=I(du, dv)$ は局所曲面のパラメーター変換によって不変である．

曲線の弧長　局所曲面 S のパラメーター表示を $\boldsymbol{x}=\boldsymbol{x}(u, v)$ とする．曲面 S 上の曲線 c：$u=u(t)$，$v=v(t)$ $(a \leqq t \leqq b)$ を考える．この曲線の接ベクトル $\dot{c}(t)$ は(2.3)(p.44)で与えられる．また，曲線 c の弧長 $L(c)$ は第2章，(1.1)(p.14)によって

$$L(c)=\int_a^b \| \dot{c}(t) \| dt$$

となる．ところが，

$$\| \dot{c}(t) \|^2=\dot{c}(t)\cdot\dot{c}(t)=\left(\frac{du}{dt}\boldsymbol{x}_u+\frac{dv}{dt}\boldsymbol{x}_v\right)\cdot\left(\frac{du}{dt}\boldsymbol{x}_u+\frac{dv}{dt}\boldsymbol{x}_v\right)$$
$$=E\left(\frac{du}{dt}\right)^2+2F\frac{du}{dt}\frac{dv}{dt}+G\left(\frac{dv}{dt}\right)^2$$

である．したがって，

$$L(c)=\int_a^b \left\{ E\left(\frac{du}{dt}\right)^2+2F\frac{du}{dt}\frac{dv}{dt}+G\left(\frac{dv}{dt}\right)^2 \right\}^{1/2} dt \tag{3.9}$$

この右辺の{　}内において $E=E(u(t), v(t))$，$F=F(u(t), v(t))$，$G=G(u(t), v(t))$ である．

さて，(3.8)の証明と全く同じ方法で，(3.9)の右辺の{　}内の式について，曲面のパラメーター変換 $u=u(\theta, \phi)$，$v=v(\theta, \phi)$ に関して，次の式を証明できる．

$$E^*\left(\frac{d\theta}{dt}\right)^2+2F^*\frac{d\theta}{dt}\frac{d\phi}{dt}+G^*\left(\frac{d\phi}{dt}\right)^2=E\left(\frac{du}{dt}\right)^2+2F\frac{du}{dt}\frac{dv}{dt}+G\left(\frac{dv}{dt}\right)^2$$

ゆえに，弧長 $L(c)$ を求める公式(3.9)は曲面のパラメーター変換によって不変である．

例題 3.3　局所曲面 (U, ψ, S) の第1基本量を E, F, G とする．曲面 S 上の点Pにおける接ベクトル $\boldsymbol{a}$, $\boldsymbol{b}$ のこの局所曲面についての成分をそれぞれ (ξ, η)，$(\tilde{\xi}, \tilde{\eta})$ とする．次のことを証明せよ．なお，E, F, G はそれぞれの点Pにおける値を示す．

（1）　$\|\boldsymbol{a}\|^2=E\xi^2+2F\xi\eta+G\eta^2$

（2）　$\boldsymbol{a}\cdot\boldsymbol{b}=E\xi\tilde{\xi}+F(\xi\tilde{\eta}+\tilde{\xi}\eta)+G\eta\tilde{\eta}$

（3）　$\boldsymbol{a}\neq\boldsymbol{0}$，$\boldsymbol{b}\neq\boldsymbol{0}$ のとき，$\boldsymbol{a}$ と $\boldsymbol{b}$ の作る角を θ とすれば，

$$\cos\theta=\frac{E\xi\tilde{\xi}+F(\xi\tilde{\eta}+\tilde{\xi}\eta)+G\eta\tilde{\eta}}{\sqrt{E\xi^2+2F\xi\eta+G\eta^2}\sqrt{E\tilde{\xi}^2+2F\tilde{\xi}\tilde{\eta}+G\tilde{\eta}^2}}$$

（4）　$\boldsymbol{a}\neq\boldsymbol{0}$，$\boldsymbol{b}\neq\boldsymbol{0}$ のとき，$\boldsymbol{a}\perp\boldsymbol{b}$ であるための必要十分条件は

$$E\xi\tilde{\xi}+F(\xi\tilde{\eta}+\tilde{\xi}\eta)+G\eta\tilde{\eta}=0$$

である．

（解答）　（1）　$\|\boldsymbol{a}\|^2=\boldsymbol{a}\cdot\boldsymbol{a}=(\xi(\boldsymbol{x}_u)_{\mathrm{P}}+\eta(\boldsymbol{x}_v)_{\mathrm{P}})\cdot(\xi(\boldsymbol{x}_u)_{\mathrm{P}}+\eta(\boldsymbol{x}_v)_{\mathrm{P}})$

$$=(\boldsymbol{x}_u\cdot\boldsymbol{x}_u)_{\mathrm{P}}\xi^2+2(\boldsymbol{x}_u\cdot\boldsymbol{x}_v)\xi\eta+(\boldsymbol{x}_v\cdot\boldsymbol{x}_v)_{\mathrm{P}}\eta^2$$

$$=E\xi^2+2F\xi\eta+G\eta^2$$

（2）
$$\boldsymbol{a}\cdot\boldsymbol{b}=(\xi(\boldsymbol{x}_u)_{\mathrm{P}}+\eta(\boldsymbol{x}_v)_{\mathrm{P}})\cdot(\tilde{\xi}(\boldsymbol{x}_u)_{\mathrm{P}}+\tilde{\eta}(\boldsymbol{x}_v)_{\mathrm{P}})$$

$$=(\boldsymbol{x}_u\cdot\boldsymbol{x}_u)_{\mathrm{P}}\xi\tilde{\xi}+(\boldsymbol{x}_u\cdot\boldsymbol{x}_v)_{\mathrm{P}}(\xi\tilde{\eta}+\tilde{\xi}\eta)+(\boldsymbol{x}_v\cdot\boldsymbol{x}_v)_{\mathrm{P}}\eta\tilde{\eta}$$

$$=E\xi\tilde{\xi}+F(\xi\tilde{\eta}+\tilde{\xi}\eta)+G\eta\tilde{\eta}$$

（3）　$\boldsymbol{a}\cdot\boldsymbol{b}=\|\boldsymbol{a}\|\|\boldsymbol{b}\|\cos\theta$ と問（1），（2）から明らかである．

（4）　上の問（3）から明らかである．　◇

例題 3.4　次のことを証明せよ．

（1）　曲面上で座標曲線のなす角を α とすれば，次の式が成り立つ．

$$\cos\alpha=\frac{F}{\sqrt{E}\sqrt{G}}$$

（2）　曲面上で座標曲線が直交するための必要十分条件は，$F=0$ である．

（解答）　（1）　例題3.3，（2）において $\boldsymbol{a}=\boldsymbol{x}_u=1\boldsymbol{x}_u+0\boldsymbol{x}_v$, $\boldsymbol{b}=\boldsymbol{x}_v=0\boldsymbol{x}_u+1\boldsymbol{x}_v$ とすればよい．

（2）　上の問（1）より明らかである．　◇

曲面の面積　局所曲面 S 上に互いに隣接している 4 点 $\mathrm{P}(u,\ v)$，$\mathrm{Q}(u+du,\ v)$，$\mathrm{T}(u+du,\ v+dv)$，$\mathrm{R}(u,\ v+dv)$ をとる．図のように，この 4 点を頂点とし，座標曲線で囲まれた微小図形の面積を $\varDelta\sigma$ とする．この $\varDelta\sigma$ は，微小ベク

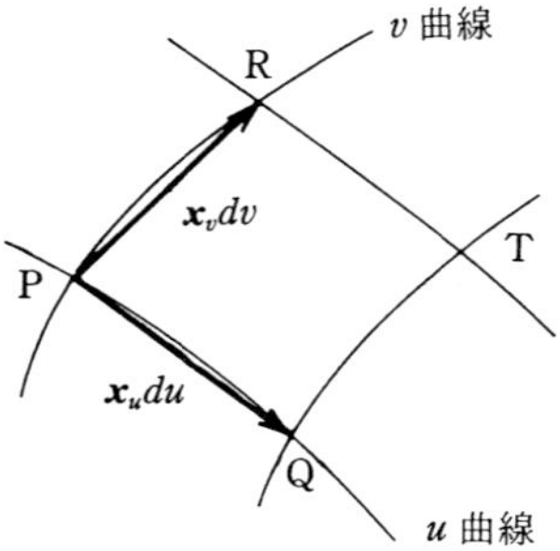

トル $\overrightarrow{PQ} \fallingdotseq \boldsymbol{x}_u\,du$, $\overrightarrow{PR} \fallingdotseq \boldsymbol{x}_v\,dv$ を2辺とする平行四辺形の面積 $\|\overrightarrow{PQ} \times \overrightarrow{PR}\|$ で近似される．したがって，$\varDelta\sigma$ は

$$\|(\boldsymbol{x}_u\,du) \times (\boldsymbol{x}_v\,dv)\| = \|\boldsymbol{x}_u \times \boldsymbol{x}_v\|\,du\,dv$$

で近似される（$du>0$, $dv>0$ とした）．ここで，(3.4)を利用すれば，$\varDelta\sigma$ は

$$d\sigma = \sqrt{EG-F^2}\,du\,dv$$

で近似される．この $d\sigma$ を曲面 S の**面積素**ということがある．ゆえに，曲面 S 内の有界閉領域 W の面積 $A(W)$ は二重積分

$$A(W) = \iint_{\varphi^{-1}(W)} \sqrt{EG-F^2}\,du\,dv \tag{3.10}$$

で与えられる．この二重積分を次のように書くこともある．

$$A(W) = \iint_W d\sigma$$

曲面 S のパラメーター変換 $u=u(\theta,\ \phi)$, $v=v(\theta,\ \phi)$ について(3.7)を利用すれば，次の式が得られる．

$$\sqrt{E^*G^*-F^{*2}} = \pm\frac{\partial(u,\ v)}{\partial(\theta,\ \phi)}\sqrt{EG-F^2} \tag{3.11}$$

ここで，右辺が正になるよう複号を選ぶ．二重積分の積分変数の変換の公式を利用すると，ゆえに，$\dfrac{\partial(u,\ v)}{\partial(\theta,\ \phi)}>0$ ならば，次のように式の変形ができる．

$$\begin{aligned}\iint_{(\varphi\circ f)^{-1}(W)} \sqrt{E^*G^*-F^{*2}}\,d\theta\,d\phi &= \iint_{(\varphi\circ f)^{-1}(W)} \sqrt{EG-F^2}\,\frac{\partial(u,\ v)}{\partial(\theta,\ \phi)}\,d\theta\,d\phi \\ &= \iint_{\varphi^{-1}(W)} \sqrt{EG-F^2}\,du\,dv \end{aligned} \tag{3.12}$$

ここで，$f: V \longrightarrow U$ は許容変換である．まとめると，局所曲面(U, ϕ, S)と同じ向きをもつ局所曲面$(V, \phi\circ f, S)$について，有界閉領域Wの面積の計算公式は同一の値をもつ．

例題 3.5 トーラス $\boldsymbol{x}=((b+a\sin\phi)\cos\theta, (b+a\sin\phi)\sin\theta, a\cos\phi)$ $(0\leqq\theta\leqq 2\pi, 0\leqq\phi\leqq 2\pi)$について次のものを求めよ．$(b>a>0)$

（1） E，F，G

（2） トーラスの全面積A

（解答） （1） $\boldsymbol{x}_\theta=(-(b+a\sin\phi)\sin\theta, (b+a\sin\phi)\cos\theta, 0)$

$$\boldsymbol{x}_\phi=(a\cos\phi\cos\theta, a\cos\phi\sin\theta, -a\sin\phi)$$

$$\therefore \quad E=\boldsymbol{x}_\theta\cdot\boldsymbol{x}_\theta=\{-(b+a\sin\phi)\sin\theta\}^2+\{(b+a\sin\phi)\cos\theta\}^2+0^2 =(b+a\sin\phi)^2$$

$$F=\boldsymbol{x}_\theta\cdot\boldsymbol{x}_\phi=-a(b+a\sin\phi)\sin\theta\cos\theta\cos\phi +a(b+a\sin\phi)\sin\theta\cos\theta\cos\phi=0$$

$$G=\boldsymbol{x}_\phi\cdot\boldsymbol{x}_\phi=(a\cos\phi\cos\theta)^2+(a\cos\phi\sin\theta)^2+(-a\sin\phi)^2=a^2$$

（2） 上の問（1）の結果によって

$$EG-F^2=a^2(b+a\sin\phi)^2$$

$$\therefore \quad A=\int_0^{2\pi}\int_0^{2\pi}\sqrt{EG-F^2}\,d\phi\,d\theta=2\pi a\int_0^{2\pi}(b+a\sin\phi)\,d\phi=4\pi^2 ab$$ ◇

§3.4 第2基本量

局所曲面(U, ϕ, S)のパラメーター表示を $\boldsymbol{x}=\boldsymbol{x}(u, v)$とする．$S$の上の点$\mathrm{P}(u, v)$における接平面を$\pi_{\mathrm{P}}$とする．点Pの近くに点$\mathrm{Q}(u+du, v+dv)$をとる．点Pにおける曲面$S$の単位法ベクトル$\boldsymbol{N}$と$\overrightarrow{\mathrm{PQ}}$の内積$d=\overrightarrow{\mathrm{PQ}}\cdot\boldsymbol{N}$を考える．明らかに，$|d|$は点Qから接平面$\pi_{\mathrm{P}}$に引いた垂線の長さであり，$\overrightarrow{\mathrm{PQ}}$と$\boldsymbol{N}$のなす角$\alpha$が鋭角ならば$d>0$，$\alpha$が鈍角ならば$d<0$である．そこで，$d$をQから平面$\pi_{\mathrm{P}}$への**有向垂線の長さ**という．さて，$\boldsymbol{x}_u$，$\boldsymbol{x}_v$，$\boldsymbol{x}_{uu}$，$\boldsymbol{x}_{uv}$，$\boldsymbol{x}_{vv}$でそれぞれの点Pにおける値を示せば，

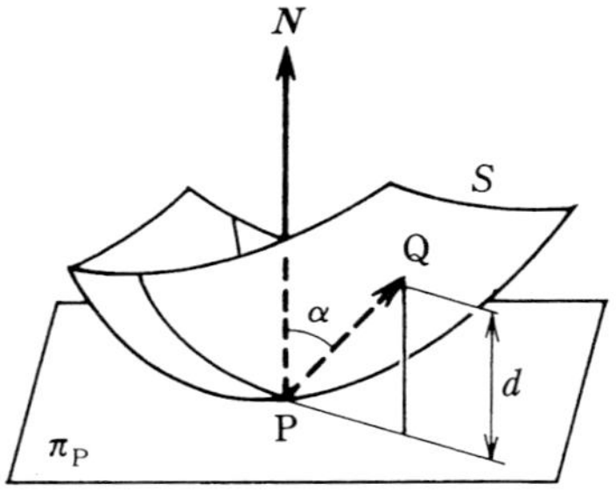

$$\overrightarrow{\mathrm{PQ}}=\boldsymbol{x}(u+du,\ v+dv)-\boldsymbol{x}(u,\ v)$$
$$=\boldsymbol{x}_u\,du+\boldsymbol{x}_v\,dv+\frac{1}{2}\{\boldsymbol{x}_{uu}(du)^2+2\boldsymbol{x}_{uv}\,du\,dv+\boldsymbol{x}_{vv}(dv)^2\}+\boldsymbol{o}(du^2+dv^2)$$

ところが，$\boldsymbol{x}_u\perp\boldsymbol{N}$，$\boldsymbol{x}_v\perp\boldsymbol{N}$ であるから，

$$d=\overrightarrow{\mathrm{PQ}}\cdot\boldsymbol{N}$$
$$=\frac{1}{2}\{L(du)^2+2M\,du\,dv+N(dv)^2\}+o(du^2+dv^2)$$

ここで，

$$L=\boldsymbol{x}_{uu}\cdot\boldsymbol{N},\qquad M=\boldsymbol{x}_{uv}\cdot\boldsymbol{N},\qquad N=\boldsymbol{x}_{vv}\cdot\boldsymbol{N} \tag{4.1}$$

とおいた．これらをこの局所曲面$(U,\ \psi,\ S)$の**第2基本量**という．したがって，

$$d\fallingdotseq\frac{1}{2}\{L(du)^2+2M\,du\,dv+N(dv)^2\} \tag{4.2}$$

そこで，上の式の｛　｝内の式

$$\mathit{\Pi}=L(du)^2+2M\,du\,dv+N(dv)^2 \tag{4.3}$$

を局所曲面$(U,\ \psi,\ S)$の**第2基本微分形式**という．

さて，$\boldsymbol{x}_u\cdot\boldsymbol{N}=0$，$\boldsymbol{x}_v\cdot\boldsymbol{N}=0$ である．これらの式の両辺を偏微分すれば，次の式が成り立つ．

$$\boldsymbol{x}_{uu}\cdot\boldsymbol{N}+\boldsymbol{x}_u\cdot\boldsymbol{N}_u=0,\qquad \boldsymbol{x}_{uv}\cdot\boldsymbol{N}+\boldsymbol{x}_u\cdot\boldsymbol{N}_v=0$$
$$\boldsymbol{x}_{vu}\cdot\boldsymbol{N}+\boldsymbol{x}_v\cdot\boldsymbol{N}_u=0,\qquad \boldsymbol{x}_{vv}\cdot\boldsymbol{N}+\boldsymbol{x}_v\cdot\boldsymbol{N}_v=0$$

したがって，

$$\boldsymbol{x}_{uu}\cdot\boldsymbol{N}=-\boldsymbol{x}_u\cdot\boldsymbol{N}_u,\qquad \boldsymbol{x}_{vv}\cdot\boldsymbol{N}=-\boldsymbol{x}_v\cdot\boldsymbol{N}_v$$
$$\boldsymbol{x}_{uv}\cdot\boldsymbol{N}=\boldsymbol{x}_{vu}\cdot\boldsymbol{N}=-\boldsymbol{x}_u\cdot\boldsymbol{N}_v=-\boldsymbol{x}_v\cdot\boldsymbol{N}_u$$

ゆえに，(4.1)によって

$$L=-\boldsymbol{x}_u\cdot\boldsymbol{N}_u,\qquad M=-\boldsymbol{x}_u\cdot\boldsymbol{N}_v=-\boldsymbol{x}_v\cdot\boldsymbol{N}_u,\qquad N=-\boldsymbol{x}_v\cdot\boldsymbol{N}_v \tag{4.4}$$

となる．これも第2基本量を求める公式である．

いま，$\boldsymbol{x}=\boldsymbol{x}(u,\ v)$と $\boldsymbol{N}=\boldsymbol{N}(u,\ v)$の微分をそれぞれ $d\boldsymbol{x}$，$d\boldsymbol{N}$ とすれば，

$$d\boldsymbol{x}=\boldsymbol{x}_u\,du+\boldsymbol{x}_v\,dv,\qquad d\boldsymbol{N}=\boldsymbol{N}_u\,du+\boldsymbol{N}_v\,dv$$

であるから，上の(4.4)によって

$$-d\boldsymbol{x}\cdot d\boldsymbol{N}=L(du)^2+2M\,du\,dv+N(dv)^2$$

すなわち，次の式が成り立つ．

$$\mathit{\Pi}(du,\ dv)=-d\boldsymbol{x}\cdot d\boldsymbol{N} \tag{4.5}$$

第2基本量の変換式　局所曲面$(U,\ \psi,\ S)$において許容変換$f: V\longrightarrow U$によってパラメーターを変換し局所曲面$(V,\ \psi\circ f,\ S)$を作る．$(U,\ \psi,\ S)$と$(V,\ \psi\circ f,\ S)$のパラメーター表示をそれぞれ $\boldsymbol{x}=\boldsymbol{x}(u,\ v)$と $\boldsymbol{x}=\boldsymbol{x}^*(\theta,\ \phi)$とし，この許容変換$f$が $u=u(\theta,\ \phi)$，$v=v(\theta,\ \phi)$で表されているとすれば，$\boldsymbol{x}^*(\theta,\ \phi)=\boldsymbol{x}(u(\theta,\ \phi),\ v(\theta,\ \phi))$である．このとき，(2.5)，(2.8)(p.46)によって次の式が成り立つ．

$$\boldsymbol{x}^*_\theta=\frac{\partial u}{\partial\theta}\boldsymbol{x}_u+\frac{\partial v}{\partial\theta}\boldsymbol{x}_v,\qquad \boldsymbol{x}^*_\phi=\frac{\partial u}{\partial\phi}\boldsymbol{x}_u+\frac{\partial v}{\partial\phi}\boldsymbol{x}_v \tag{4.6}$$

$$\boldsymbol{N}^*=\varepsilon(\varDelta)\boldsymbol{N},\qquad \varepsilon(\varDelta)=\begin{cases}+1 & (\varDelta>0)\\ -1 & (\varDelta<0)\end{cases} \tag{4.7}$$

ただし，$\varDelta=\dfrac{\partial(u,\ v)}{\partial(\theta,\ \phi)}$である．ここで，$\boldsymbol{N}$，$\boldsymbol{N}^*$はそれぞれ$(U,\ \psi,\ S)$，$(V,\ \psi\circ f,\ S)$の単位法ベクトルである．上の(4.7)の両辺を偏微分すれば，次の式が成り立つ．

$$\boldsymbol{N}^*_\theta=\varepsilon(\varDelta)\left(\frac{\partial u}{\partial\theta}\boldsymbol{N}_u+\frac{\partial v}{\partial\theta}\boldsymbol{N}_v\right),\quad \boldsymbol{N}^*_\phi=\varepsilon(\varDelta)\left(\frac{\partial u}{\partial\phi}\boldsymbol{N}_u+\frac{\partial v}{\partial\phi}\boldsymbol{N}_v\right) \tag{4.8}$$

さて，$(U,\ \psi,\ S)$と$(V,\ \psi\circ f,\ S)$の第2基本量をそれぞれL，M，NとL^*，M^*，N^*とすれば，

$$L=-\boldsymbol{x}_u\cdot\boldsymbol{N}_u,\ \ M=-\boldsymbol{x}_v\cdot\boldsymbol{N}_u=-\boldsymbol{x}_u\cdot\boldsymbol{N}_v,\ \ N=-\boldsymbol{x}_v\cdot\boldsymbol{N}_v \tag{4.9}$$

$$L^*=-\boldsymbol{x}^*_\theta\cdot\boldsymbol{N}^*_\theta,\ \ M^*=-\boldsymbol{x}^*_\theta\cdot\boldsymbol{N}^*_\phi=-\boldsymbol{x}^*_\phi\cdot\boldsymbol{N}^*_\theta,\ \ N^*=-\boldsymbol{x}^*_\phi\cdot\boldsymbol{N}^*_\phi \tag{4.10}$$

である．(4.6)，(4.8)を(4.10)に代入し(4.9)を利用すれば，次のようになる．

$$
\begin{aligned}
L^* &= \varepsilon(\varDelta)\left\{\left(\frac{\partial u}{\partial \theta}\right)^2 L + 2\frac{\partial u}{\partial \theta}\frac{\partial v}{\partial \theta}M + \left(\frac{\partial v}{\partial \theta}\right)^2 N\right\} \\
M^* &= \varepsilon(\varDelta)\left\{\frac{\partial u}{\partial \theta}\frac{\partial u}{\partial \phi}L + \left(\frac{\partial u}{\partial \theta}\frac{\partial v}{\partial \phi} + \frac{\partial v}{\partial \theta}\frac{\partial u}{\partial \phi}\right)M + \frac{\partial v}{\partial \theta}\frac{\partial v}{\partial \phi}N\right\} \qquad (4.11) \\
N^* &= \varepsilon(\varDelta)\left\{\left(\frac{\partial u}{\partial \phi}\right)^2 L + 2\frac{\partial u}{\partial \phi}\frac{\partial v}{\partial \phi}M + \left(\frac{\partial v}{\partial \phi}\right)^2 N\right\}
\end{aligned}
$$

これが第2基本量の変換式である．上の(4.11)は行列の等式

$$
\begin{pmatrix} L^* & M^* \\ M^* & N^* \end{pmatrix} = \varepsilon(\varDelta)J^t\begin{pmatrix} L & M \\ M & N \end{pmatrix}J, \qquad J = \begin{pmatrix} \partial u/\partial \theta & \partial u/\partial \phi \\ \partial v/\partial \theta & \partial v/\partial \phi \end{pmatrix} \qquad (4.12)
$$

と同値である．この(4.12)の両辺の行列式を作れば，

$$
\begin{vmatrix} L^* & M^* \\ M^* & N^* \end{vmatrix} = \varDelta^2\begin{vmatrix} L & M \\ M & N \end{vmatrix}
$$

$$
\therefore \quad L^*N^* - M^{*2} = \left\{\frac{\partial(u,\ v)}{\partial(\theta,\ \phi)}\right\}^2 (LN - M^2) \qquad (4.13)
$$

上の(4.13)からわかるように，$LN-M^2$ の符号はパラメーターの許容変換によって不変である．したがって，$LN-M^2$ の符号によって曲面上の点を次のように分類することができる．

（i）　$LN-M^2>0$ である点を**楕円点**という．

（ii）　$LN-M^2<0$ である点を**双曲点**という．

（iii）　$LN-M^2=0$，$L^2+M^2+N^2 \neq 0$ である点を**放物点**という．

（iv）　$L=M=N=0$ である点を**平担点**という．

さて，(4.2)を利用して，du と dv の2次式である $\varPi(du,\ dv)$ の符号を調べることによって，上で述べたように点の分類をした．したがって，以下のように，各種の点の近傍での曲面の形状を知ることができる．

（i）　楕円点Pでは第2基本微分形式 $\varPi(du,\ dv)$ の値は，$(du,\ dv)$ が変化しても，一定の符号をもつ．よって，この点Pの十分小さい近傍では曲面は点Pで接平面 π_P と点Pだけで接し，しかも π_P の一方側にある．

（ii）　双曲点Pでは第2基本微分形式 $\varPi(du,\ dv)$ の値は $(du,\ dv)$ の変化に伴って，正にも負にもなる．よって，曲面はこの点Pの近傍では点Pにおける接平面 π_P の両側にある．

（iii）　放物点Pでは第2基本微分形式は完全平方で $II=(p\,du-q\,dv)^2$ である．

（iv）　平坦点の近傍における曲面の形状は，曲面のパラメーター表示の展開式の第3次以上の項の状態によって決まる．

上述の分類にしたがって，点Pの近傍における曲面の形状は，場合（i），（ii）について，概略下の図のようである．

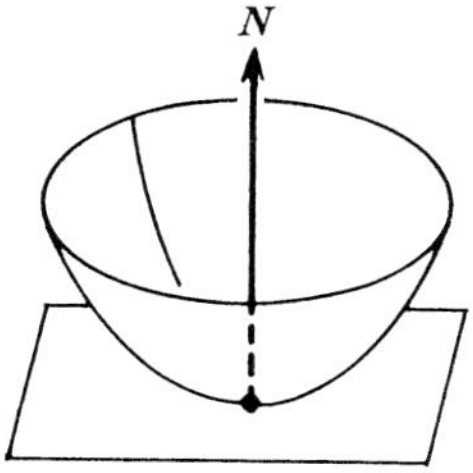

（i）　楕円点

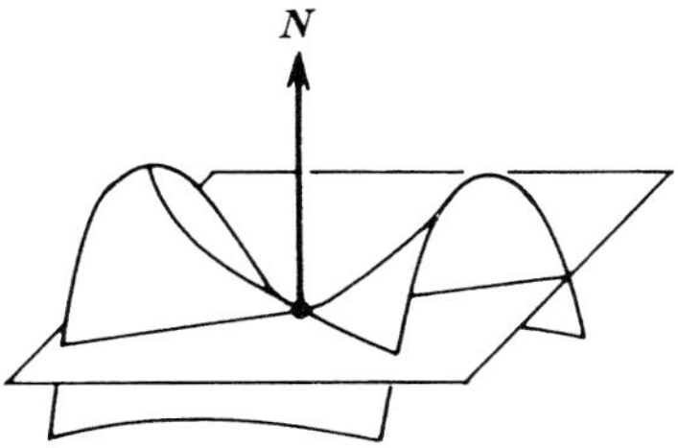

（ii）　双曲点

例題 3.6　半径 a の球面

$$\boldsymbol{x}=(a\cos\theta\sin\phi,\ a\sin\theta\sin\phi,\ a\cos\phi)\ (0<\theta<2\pi,\ 0<\phi<\pi)$$

について，次の問に答えよ．$(a>0)$

（1）　$E,\ F,\ G$ を求めよ．

（2）　$L,\ M,\ N$ を求めよ．

（3）　すべての点は楕円点であることを示せ．

（4）　$\dfrac{L}{E}=\dfrac{M}{F}=\dfrac{N}{G}=\dfrac{1}{a}$ であることを導け．

（解答）　（1）　$\boldsymbol{x}_\theta=(-a\sin\theta\sin\phi,\ a\cos\theta\sin\phi,\ 0)$

$$\boldsymbol{x}_\phi=(a\cos\theta\cos\phi,\ a\sin\theta\cos\phi,\ -a\sin\phi)$$

$$\therefore\quad E=\boldsymbol{x}_\theta\cdot\boldsymbol{x}_\theta=a^2\sin^2\phi,\qquad F=\boldsymbol{x}_\theta\cdot\boldsymbol{x}_\phi=0,\qquad G=\boldsymbol{x}_\phi\cdot\boldsymbol{x}_\phi=a^2$$

（2）

$$\boldsymbol{x}_{\theta\theta}=(-a\cos\theta\sin\phi,\ -a\sin\theta\sin\phi,\ 0)$$

$$\boldsymbol{x}_{\theta\phi}=(-a\sin\theta\cos\phi,\ a\cos\theta\cos\phi,\ 0)$$

$$\boldsymbol{x}_{\phi\phi}=(-a\cos\theta\sin\phi,\ -a\sin\theta\sin\phi,\ -a\cos\phi)$$

また，上の(1)で求めた $\boldsymbol{x}_\theta$，$\boldsymbol{x}_\phi$ によって

$$\boldsymbol{N}=\frac{\boldsymbol{x}_\theta\times\boldsymbol{x}_\phi}{\|\boldsymbol{x}_\theta\times\boldsymbol{x}_\phi\|}=(-\cos\theta\sin\phi,\ -\sin\theta\sin\phi,\ -\cos\phi)=-\frac{\boldsymbol{x}}{a}$$

$$\therefore\quad L=\boldsymbol{x}_{\theta\theta}\cdot\boldsymbol{N}=a\sin^2\phi,\qquad M=\boldsymbol{x}_{\theta\phi}\cdot\boldsymbol{N}=0,\qquad N=\boldsymbol{x}_{\phi\phi}\cdot\boldsymbol{N}=a$$

(3)　$LN-M^2=a^2\sin^2\phi>0$．ゆえに，すべての点は楕円点である．

(4)　問(1)，(2)の結果から明らかに

$$\frac{L}{E}=\frac{M}{F}=\frac{N}{G}=\frac{1}{a}$$ ◇

§3.5　法曲率・主曲率

法曲率　パラメーター表示 $\boldsymbol{x}=\boldsymbol{x}(u,\ v)$ で表される局所曲面 S と，S 上の曲線 c を考え，c のパラメーター表示を $u=u(t)$，$v=v(t)$ とすると，空間において曲線 c のパラメーター表示は $\boldsymbol{x}=\boldsymbol{x}(u(t),\ v(t))$ である．曲線 c 上の点P における曲率ベクトル $\boldsymbol{k}_{\mathrm{P}}=(d\boldsymbol{t}/ds)_{\mathrm{P}}$（$\boldsymbol{t}$ は c の単位接ベクトル，s はその弧長）と曲面 S の点Pにおける単位法ベクトル $\boldsymbol{N}_{\mathrm{P}}$ との内積

$$k_n=\boldsymbol{k}_{\mathrm{P}}\cdot\boldsymbol{N}_{\mathrm{P}}\tag{5.1}$$

を曲線 c の点Pにおける**法曲率**という．

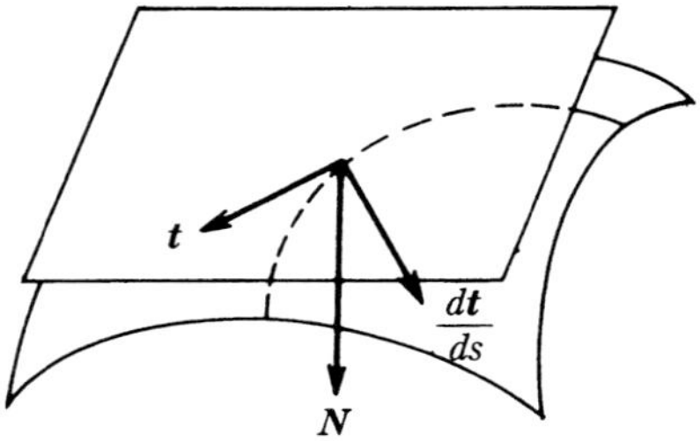

さて，$\boldsymbol{t}\cdot\boldsymbol{N}=0$ であるから，$\boldsymbol{x}=\boldsymbol{x}(u(t),\ v(t))$，$\boldsymbol{N}=\boldsymbol{N}(u(t),\ v(t))$ として，次の計算をすることができる．

$$\frac{d\boldsymbol{N}}{ds}\cdot\boldsymbol{t}+\boldsymbol{N}\cdot\frac{d\boldsymbol{t}}{ds}=0$$

$$\therefore \quad \frac{d\boldsymbol{t}}{ds}\cdot\boldsymbol{N} = -\boldsymbol{t}\cdot\frac{d\boldsymbol{N}}{ds} = -\frac{d\boldsymbol{x}}{ds}\cdot\frac{d\boldsymbol{N}}{ds}$$

$$= -\left(\frac{d\boldsymbol{x}}{dt}\,\frac{dt}{ds}\right)\cdot\left(\frac{d\boldsymbol{N}}{dt}\,\frac{dt}{ds}\right) = -\left(\frac{d\boldsymbol{x}}{dt}\cdot\frac{d\boldsymbol{N}}{dt}\right)\left(\frac{dt}{ds}\right)^2$$

$$= -\left(\boldsymbol{x}_u\frac{du}{dt} + \boldsymbol{x}_v\frac{dv}{dt}\right)\cdot\left(\boldsymbol{N}_u\frac{du}{dt} + \boldsymbol{N}_v\frac{dv}{dt}\right)\Big/\left(\frac{ds}{dt}\right)^2$$

ここで，(4.4)(p.55)を利用して，次の式を得る．

$$\frac{d\boldsymbol{t}}{ds}\cdot\boldsymbol{N} = \frac{L\left(\frac{du}{dt}\right)^2 + 2M\frac{du}{dt}\,\frac{dv}{dt} + N\left(\frac{dv}{dt}\right)^2}{E\left(\frac{du}{dt}\right)^2 + 2F\frac{du}{dt}\,\frac{dv}{dt} + G\left(\frac{dv}{dt}\right)^2} \tag{5.2}$$

ここで，

$$\left(\frac{ds}{dt}\right)^2 = \left\|\frac{d\boldsymbol{x}}{dt}\right\|^2 = E\left(\frac{du}{dt}\right)^2 + 2F\frac{du}{dt}\,\frac{dv}{dt} + G\left(\frac{dv}{dt}\right)^2$$

を利用した．ゆえに，(5.1)によって，法曲率 k_n は(5.2)の右辺の点Pにおける値に等しい．さて，(5.2)の右辺の値は比 $du/dt : dv/dt$ によって定まるから，次の定理が成り立つ．

定理 3.1　曲面 S 上の曲線 c と $\tilde{c}$ が点Pで同一の接線をもてば，c と $\tilde{c}$ の点Pにおける法曲率は一致する．　◇

この定理により，次のことがわかる．点Pにおける曲面 S の接ベクトル $\boldsymbol{a} = \xi(\boldsymbol{x}_u)_{\mathrm{P}} + \eta(\boldsymbol{x}_v)_{\mathrm{P}} \neq \boldsymbol{0}$ に接している S 上の曲線 c の法曲率 k_n は比 $\xi : \eta$ の関数

$$k_n(\boldsymbol{a}) = \frac{L\xi^2 + 2M\xi\eta + N\eta^2}{E\xi^2 + 2F\xi\eta + G\eta^2} \tag{5.3}$$

である．この $k_n(\boldsymbol{a})$ を点Pにおける接ベクトル $\boldsymbol{a}$ が定める方向の**法曲率**といい，左辺の記号で表す．

注意　上の(5.2)の右辺の分母，分子に $(dt)^2$ を掛ければ，

$$k_n = \frac{\mathit{II}(du,\ dv)}{I(du,\ dv)}$$

と書ける．

主曲率・主方向　(5.3)の $k_n(\boldsymbol{a})$ について $k_n(\boldsymbol{a}) = k_n(\lambda\boldsymbol{a})$ $(\lambda \neq 0)$ が成り立つ

から，$k_n(\boldsymbol{a})$において $\boldsymbol{a}$ を単位ベクトルに制限してもよい．単位ベクトル $\boldsymbol{a}=\xi(\boldsymbol{x}_u)_{\mathrm{P}}+\eta(\boldsymbol{x}_v)_{\mathrm{P}}(\in T_{\mathrm{P}}(S))$について

$$k_n(\boldsymbol{a})=L\xi^2+2M\xi\eta+N\eta^2 \tag{5.4}$$

である．ただし，

$$E\xi^2+2F\xi\eta+G\eta^2=1 \tag{5.5}$$

さて，単位接ベクトル $\boldsymbol{a}$ を $T_{\mathrm{P}}(S)$内で変動させたとき，$k_n(\boldsymbol{a})$の最大値，最小値を合わせて点Pにおける曲面 S の**主曲率**といい，記号 k_1，k_2 で表す．また，$k_n(\boldsymbol{a}_1)=k_1$，$k_n(\boldsymbol{a}_2)=k_2$ となる単位接ベクトル $\boldsymbol{a}_1$，$\boldsymbol{a}_2(\in T_{\mathrm{P}}(S))$の定める接線方向を**主方向**という．主曲率 k_1, k_2 は条件(5.5)のもとで，2次式 $L\xi^2+2M\xi\eta+N\eta^2$ の最大値，最小値である．そこで，k_1，k_2，$\boldsymbol{a}_1$，$\boldsymbol{a}_2$ を求めるために，ラグランジュ(Lagrange)の乗数法を利用する．すなわち，λをある定数とし，

$$\left.\begin{aligned}\frac{\partial}{\partial\xi}\{(L\xi^2+2M\xi\eta+N\eta^2)-\lambda(E\xi^2+2F\xi\eta+G\eta^2)\}=0\\ \frac{\partial}{\partial\eta}\{(L\xi^2+2M\xi\eta+N\eta^2)-\lambda(E\xi^2+2F\xi\eta+G\eta^2)\}=0\end{aligned}\right. \tag{5.6}$$

および(5.5)によって定まる$(\xi,\ \eta)$を求め，$\boldsymbol{a}=\xi(\boldsymbol{x}_u)_{\mathrm{P}}+\eta(\boldsymbol{x}_v)_{\mathrm{P}}$ とすれば，主方向を与える単位ベクトル $\boldsymbol{a}$ が求められる．さて，(5.6)は

$$\left.\begin{aligned}(L-\lambda E)\xi+(M-\lambda F)\eta=0\\ (M-\lambda F)\xi+(N-\lambda G)\eta=0\end{aligned}\right. \tag{5.7}$$

となる．しかし，$\boldsymbol{a}=\xi(\boldsymbol{x}_u)_{\mathrm{P}}+\eta(\boldsymbol{x}_v)_{\mathrm{P}}\neq\boldsymbol{0}$ であるから$(\xi,\ \eta)\neq(0,\ 0)$である．すなわち，連立方程式(5.7)は自明な解$(\xi,\ \eta)=(0,\ 0)$以外の解をもつ．ゆえに，(5.7)から ξ，η を消去することができて，

$$\begin{vmatrix}L-\lambda E & M-\lambda F\\ M-\lambda F & N-\lambda G\end{vmatrix}=0 \tag{5.8}$$

が成り立つ．ここで，次の定理が成り立つ．

定理 3.2　曲面 S の各点で主曲率 k_1, k_2 は2次方程式(5.8)の解 $\lambda=k_1, k_2$ である．また，k_1 は下の(5.9)で与えられる．k_2 についても同様である．　◇

[証明]　方程式(5.8)の解 $\lambda=k_1$ を(5.7)に代入した連立方程式$(5.7)_1$と

(5.5)を満たす1組の自明でない解を $\xi=\xi_1$, $\eta=\eta_1$ とする．さて，$(5.7)_1$ の第1式，第2式の両辺にそれぞれ ξ_1, η_1 を掛けて加え合せれば，(5.5)に注意して，次の式が得られる．

$$L\xi_1{}^2+2M\xi_1\eta_1+N\eta_1{}^2=k_1 \tag{5.9}$$

ところが単位ベクトル $\boldsymbol{a}_1=\xi_1(\boldsymbol{x}_u)_{\mathrm{P}}+\eta_1(\boldsymbol{x}_v)_{\mathrm{P}}$ は主方向を定めるから，k_1 は主曲率の1つである．同様に，k_2 も主曲率である．　◇

上の(5.8)の左辺の行列式を展開すれば，

$$(EG-F^2)\lambda^2-(EN-2FM+GL)\lambda+(LN-M^2)=0 \tag{5.10}$$

となる．この2次方程式の判別式は，やや複雑な計算の結果，

$$D=4\left(\frac{EG-F^2}{E^2}\right)(EM-FL)^2+\left\{(EN-GL)-\frac{2F}{E}(EM-FL)\right\}^2\geqq 0$$

である．ここで，$EG-F^2>0$ を利用した．したがって，(5.8)の解，すなわち主曲率 k_1, k_2 は実数である．また，$k_1=k_2$ である((5.8)が重解をもつ)ための必要十分条件は $D=0$, つまり

$$\frac{L}{E}=\frac{M}{F}=\frac{N}{G} \tag{5.11}$$

である．曲面上の点で(5.11)が成り立つとき，この点を**臍点**(せいてん)という．したがって，次の定理が成り立つ．

定理 3.3　曲面上の臍点では2つの主曲率は一致し，その値は(5.11)の共通比の値に等しい．また，逆も成り立つ．　◇

さて，方程式(5.7)の左辺を変形すれば，

$$\begin{aligned}(L\xi+M\eta)-\lambda(E\xi+F\eta)&=0\\(M\xi+N\eta)-\lambda(F\xi+G\eta)&=0\end{aligned} \tag{5.12}$$

となる．これから λ を消去すれば，

$$\begin{vmatrix}L\xi+M\eta & E\xi+F\eta\\ M\xi+N\eta & F\xi+G\eta\end{vmatrix}=0 \tag{5.13}$$

となる．これは主方向の向く接ベクトルの成分(ξ, η)の比$\xi:\eta$を決定する方程式である．まとめれば，次の定理となる．

定理 3.4　曲面S上の各点における主方向は(5.13)の解$(\xi,\ \eta)\neq(0,\ 0)$を成分にもつ接ベクトルの向きで決定される．　◇

条件(5.11)が成り立てば，(5.13)は恒等式になるから，次の定理が成り立つ．

定理 3.5　曲面上の点Pが臍点ならば，すなわち$k_1=k_2$ならば，点Pにおいてすべての接線の向きは主方向である．　◇

曲面上の臍点ではない点Pでは2つの主曲率は等しくない，つまり$k_1\neq k_2$である．主曲率k_1，k_2に対応する主方向がそれぞれ接ベクトル$\boldsymbol{a}_1=\xi_1(\boldsymbol{x}_u)_{\mathrm{P}}+\eta_1(\boldsymbol{x}_v)_{\mathrm{P}}\neq\boldsymbol{0}$，$\boldsymbol{a}_2=\xi_2(\boldsymbol{x}_u)_{\mathrm{P}}+\eta_2(\boldsymbol{x}_v)_{\mathrm{P}}\neq\boldsymbol{0}$で決定されるとする．このとき，(5.7)によって次の式が成り立つ．

$$(L-k_1E)\xi_1+(M-k_1F)\eta_1=0$$
$$(M-k_1F)\xi_1+(N-k_1G)\eta_1=0$$
$$(L-k_2E)\xi_2+(M-k_2F)\eta_2=0$$
$$(M-k_2F)\xi_2+(N-k_2G)\eta_2=0$$

第1式，第2式にそれぞれξ_2，η_2を掛けて加え合せれば，次のようになる．

$$(L-k_1E)\xi_1\xi_2+(M-k_1F)(\xi_1\eta_2+\xi_2\eta_1)+(N-k_1G)\eta_1\eta_2=0$$

第3式，第4式にそれぞれξ_1，η_1を掛けて加え合せれば，次のようになる．

$$(L-k_2E)\xi_1\xi_2+(M-k_2F)(\xi_1\eta_2+\xi_2\eta_1)+(N-k_2G)\eta_1\eta_2=0$$

この2つの式を辺々差し引くと，

$$(k_1-k_2)\{E\xi_1\xi_2+F(\xi_1\eta_2+\xi_2\eta_1)+G\eta_1\eta_2\}=0$$

となる．ところが，仮定によって$k_1\neq k_2$であるから，

$$E\xi_1\xi_2+F(\xi_1\eta_2+\xi_2\eta_1)+G\eta_1\eta_2=0 \qquad \therefore \quad \boldsymbol{a}_1\cdot\boldsymbol{a}_2=0$$

まとめて，次の定理が成り立つ．

定理 3.6　曲面上の臍点でない点では2つの主方向は互いに垂直である．　◇

曲率線　曲面上の正則曲線 c の各点で接ベクトル $\dot{c}$ が常に主方向を向いているとき，c を**曲率線**という．

さて，(5.13)の左辺の行列式を展開すれば，次のようになる．

$$(EM-LF)\xi^2+(EN-LG)\xi\eta+(FN-MG)\eta^2=0 \qquad (5.14)$$

定理3.4とこの(5.14)によって次の定理が成り立つ．

定理 3.7　曲面上の正則曲線 c：$u=u(t)$，$v=v(t)$ が曲率線であるための必要十分条件は，関数 $u=u(t)$，$v=v(t)$ が微分方程式

$$(EM-LF)\left(\frac{du}{dt}\right)^2+(EN-LG)\frac{du}{dt}\frac{dv}{dt}+(FN-MG)\left(\frac{dv}{dt}\right)^2=0 \qquad (5.15)$$

の解であることである．　◇

例題 3.7　回転放物面 $\boldsymbol{x}=(u,\ v,\ u^2+v^2)$ $(-\infty<u<\infty,\ -\infty<v<\infty)$ について次のものを求めよ．

（1）　E，F，G　　　（2）　L，M，N

（3）　点 $(u,\ v)=(1,\ 1)$ における主曲率 k_1，k_2

（4）　点 $(u,\ v)=(1,\ 1)$ において主方向を向く単位接ベクトル $\boldsymbol{a}_1$，$\boldsymbol{a}_2$

（5）　曲率線

（解答）　（1）　$\boldsymbol{x}_u=(1,\ 0,\ 2u)$，　$\boldsymbol{x}_v=(0,\ 1,\ 2v)$

$\therefore\quad E=\boldsymbol{x}_u\cdot\boldsymbol{x}_u=1+4u^2,\quad F=\boldsymbol{x}_u\cdot\boldsymbol{x}_v=4uv,\quad G=\boldsymbol{x}_v\cdot\boldsymbol{x}_v=1+4v^2$

（2）
$$\boldsymbol{N}=\frac{\boldsymbol{x}_u\times\boldsymbol{x}_v}{\|\boldsymbol{x}_u\times\boldsymbol{x}_v\|}=\frac{1}{(4u^2+4v^2+1)^{1/2}}(-2u,\ -2v,\ 1)$$

$$\boldsymbol{x}_{uu}=(0,\ 0,\ 2),\qquad \boldsymbol{x}_{uv}=(0,\ 0,\ 0),\qquad \boldsymbol{x}_{vv}=(0,\ 0,\ 2)$$

$$\therefore\quad L=\boldsymbol{x}_{uu}\cdot\boldsymbol{N}=\frac{2}{(4u^2+4v^2+1)^{1/2}},\qquad M=\boldsymbol{x}_{uv}\cdot\boldsymbol{N}=0$$

$$N=\boldsymbol{x}_{vv}\cdot\boldsymbol{N}=\frac{2}{(4u^2+4v^2+1)^{1/2}}$$

（3）　点$(u,\ v)=(1,\ 1)$において$E=5$，$F=4$，$G=5$；$L=2/3$，$M=0$，$N=2/3$であるから，(5.10)は次のようになる．

$$9\lambda^2-\frac{20}{3}\lambda+\frac{4}{9}=0 \qquad \therefore \quad \lambda=\frac{2}{3},\ \frac{2}{27}$$

ゆえに，この点での主曲率2/3，2/27である．

（4）　点$(u,\ v)=(1,\ 1)$において(5.14)は次のようになる．

$$-\frac{8}{3}\xi^2+\frac{8}{3}\eta^2=0 \qquad \therefore \quad \xi:\eta=1:1,\ 1:-1$$

ゆえに，この点Pにおける主方向は次の接ベクトルで決定される．

$$(\boldsymbol{x}_u)_{\mathrm{P}}+(\boldsymbol{x}_v)_{\mathrm{P}}=(1,\ 1,\ 4), \qquad (\boldsymbol{x}_u)_{\mathrm{P}}-(\boldsymbol{x}_v)_{\mathrm{P}}=(1,\ -1,\ 0)$$

$$\therefore \quad \boldsymbol{a}_1=\frac{1}{3\sqrt{2}}(1,\ 1,\ 4), \qquad \boldsymbol{a}_2=\frac{1}{\sqrt{2}}(1,\ -1,\ 0)$$

（5）　(5.15)は次のようになる．

$$uv\left(\frac{du}{dt}\right)^2+(v^2-u^2)\frac{du}{dt}\frac{dv}{dt}-uv\left(\frac{dv}{dt}\right)^2=0$$

左辺を因数分解して

$$\left(u\frac{du}{dt}+v\frac{dv}{dt}\right)\left(v\frac{du}{dt}-u\frac{dv}{dt}\right)=0$$

したがって，

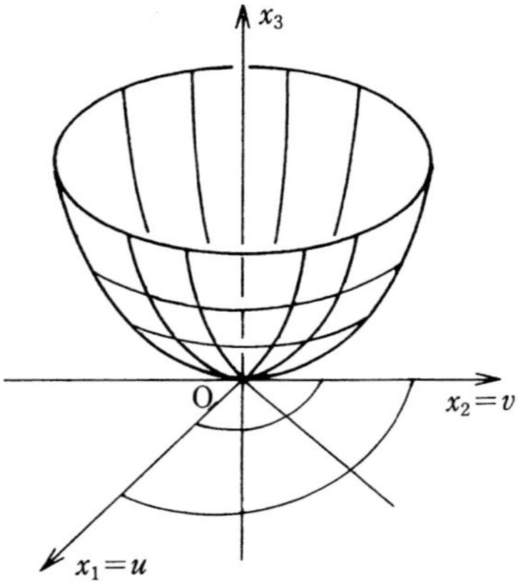

$$u\frac{du}{dt}+v\frac{dv}{dt}=0, \qquad v\frac{du}{dt}-u\frac{dv}{dt}=0$$

$$\therefore \quad u^2+v^2=a^2, \qquad u=bv$$

ここで，a，b は任意定数である．これらが曲率線の方程式である．ただし，$(u, v)=(0, 0)$ となる点では $E=1$, $F=0$, $G=1$; $L=2$, $M=0$, $N=2$ であるから，この点は臍点である．ゆえに，この点を除外する．◇

次の**ロドリーグ**(Rodriges)**の公式**が成り立つ．

定理 3.8　曲面上の正則曲線 c : $u=u(t)$, $v=v(t)$ が曲率線であれば，

$$\frac{d\boldsymbol{N}}{dt}=-k\frac{d\boldsymbol{x}}{dt} \tag{5.16}$$

が成り立つ．ここで，この曲線のパラメーター表示は $\boldsymbol{x}=\boldsymbol{x}(u(t), v(t))$ であり，$\boldsymbol{N}=\boldsymbol{N}(u(t), v(t))$ である．また，k は c に対応する主曲率である．◇

［**証明**］(5.12) において $\xi=du/dt$, $\eta=dv/dt$, $\lambda=k$ とおけば，

$$\left(L\frac{du}{dt}+M\frac{dv}{dt}\right)-k\left(E\frac{du}{dt}+F\frac{dv}{dt}\right)=0$$

$$\left(M\frac{du}{dt}+N\frac{dv}{dt}\right)-k\left(F\frac{du}{dt}+G\frac{dv}{dt}\right)=0$$

となる．これらに

$$E=\boldsymbol{x}_u\cdot\boldsymbol{x}_u, \qquad F=\boldsymbol{x}_u\cdot\boldsymbol{x}_v, \qquad G=\boldsymbol{x}_v\cdot\boldsymbol{x}_v$$

$$L=-\boldsymbol{x}_u\cdot\boldsymbol{N}_u, \qquad M=-\boldsymbol{x}_v\cdot\boldsymbol{N}_u=-\boldsymbol{x}_u\cdot\boldsymbol{N}_v, \qquad N=-\boldsymbol{x}_v\cdot\boldsymbol{N}_v$$

を代入すれば，次のようになる．

$$\boldsymbol{x}_u\cdot\left(\frac{d\boldsymbol{N}}{dt}+k\frac{d\boldsymbol{x}}{dt}\right)=0, \qquad \boldsymbol{x}_v\cdot\left(\frac{d\boldsymbol{N}}{dt}+k\frac{d\boldsymbol{x}}{dt}\right)=0$$

ここで，$\dfrac{d\boldsymbol{N}}{dt}+k\dfrac{d\boldsymbol{x}}{dt}$ は接ベクトルであり，$\boldsymbol{x}_u$ と $\boldsymbol{x}_v$ は1次独立であるから，

$$\frac{d\boldsymbol{N}}{dt}+k\frac{d\boldsymbol{x}}{dt}=\boldsymbol{0} \qquad \therefore \quad \frac{d\boldsymbol{N}}{dt}=-k\frac{d\boldsymbol{x}}{dt} \qquad \Diamond$$

ガウス曲率・平均曲率　曲面上の各点で主曲率を k_1, k_2 とし，

$$K=k_1k_2, \qquad H=\frac{k_1+k_2}{2} \tag{5.17}$$

をそれぞれ**ガウス曲率，平均曲率**という．さて，k_1，k_2 は2次方程式(5.10)の解であるから，解と係数の関係によって

$$K=\frac{LN-M^2}{EG-F^2}, \qquad H=\frac{EN-2FM+GL}{2(EG-F^2)} \tag{5.18}$$

が成り立つ．

この公式によれば，$EG-F^2>0$ であるから，K と $LN-M^2$ は同符号である．したがって，次の定理が成り立つ．

定理 3.9　曲面上の点をその点でのガウス曲率Kの符号によって次のように分類できる．(i)　$K>0$ である点は楕円点である．(ii)　$K<0$ である点は双曲点である．(iii)　$K=0$ である点は放物点か平坦点である．また，これらの命題の逆も成り立つ．　◇

次に，

$$\begin{pmatrix} h_1{}^1 & h_2{}^1 \\ h_1{}^2 & h_2{}^2 \end{pmatrix}=\begin{pmatrix} L & M \\ M & N \end{pmatrix}\begin{pmatrix} E & F \\ F & G \end{pmatrix}^{-1}=\frac{1}{EG-F^2}\begin{pmatrix} L & M \\ M & N \end{pmatrix}\begin{pmatrix} G & -F \\ -F & E \end{pmatrix} \tag{5.19}$$

とおくと，(5.18)で定義したガウス曲率Kと平均曲率Hはそれぞれ次の式で与えられる．

$$K=\begin{vmatrix} h_1{}^1 & h_2{}^1 \\ h_1{}^2 & h_2{}^2 \end{vmatrix}, \qquad H=\frac{1}{2}(h_1{}^1+h_2{}^2) \tag{5.20}$$

さらに，ベクトル

$$\boldsymbol{h}=H\boldsymbol{N} \tag{5.21}$$

を**平均曲率ベクトル**という．

例題 3.8　回転面 $\boldsymbol{x}=(f(s)\cos\theta,\ f(s)\sin\theta,\ g(s))$ について次のものを求めよ．ただし，x_1x_3 平面上の正則曲線 $x_1=f(s)$，$x_3=g(s)$ について s は弧長で

ある．($f>0$，g は C^∞ 関数である．)

（1） E，F，G　　（2） L，M，N　　（3） K

（4） H　　（5） k_1，k_2

（解答） （1） $\boldsymbol{x}_s=(f'\cos\theta,\ f'\sin\theta,\ g')$，　$\boldsymbol{x}_\theta=(-f\sin\theta,\ f\cos\theta,\ 0)$

$$\therefore\quad E=(f')^2+(g')^2=1,\qquad F=0,\qquad G=f^2$$

（2）
$$\boldsymbol{N}=(-g'\cos\theta,\ -g'\sin\theta,\ f')$$
$$\boldsymbol{x}_{ss}=(f''\cos\theta,\ f''\sin\theta,\ g''),\qquad \boldsymbol{x}_{s\theta}=(-f'\sin\theta,\ f'\cos\theta,\ 0)$$
$$\boldsymbol{x}_{\theta\theta}=(-f\cos\theta,\ -f\sin\theta,\ 0)$$
$$\therefore\quad L=f'g''-f''g',\qquad M=0,\qquad N=fg'$$

（3） $F=0$ であるから，$(f')^2+(g')^2=1$ と $f'f''+g'g''=0$ によって，

$$K=\frac{LN-M^2}{EG-F^2}=\left(\frac{L}{E}\right)\left(\frac{N}{G}\right)=-\frac{f''}{f}$$

（4） $F=0$ であるから，同じようにして

$$H=\frac{EN-2FM+GL}{2(EG-F^2)}=\frac{1}{2}\left(\frac{L}{E}+\frac{N}{G}\right)=\frac{1}{2}\left(\frac{g'}{f}-\frac{f''}{g'}\right)$$

（5） (5.8)(p.60)の2つの解を求めれば，k_1，k_2 が得られる．その結果は

$$k_1=\frac{g'}{f},\qquad k_2=-\frac{f''}{g'}\qquad \diamondsuit$$

次のことが知られているが，その証明を省略する．

曲面の十分小さい座標近傍内 O に臍点がなければ，座標曲線が曲率線であるような座標 $(u,\ v)$ が存在する．　◇

臍点でない点で主方向は互いに垂直であるから，座標曲線が曲率線であれば，臍点がないとして，$F=0$ である．このとき，(5.14)は解 $\xi=1$，$\eta=0$ をもつから，$EM-LF=0$，$F=0$ となり，$M=0$ となる．また，逆も成り立つ((5.13)で $F=0$，$M=0$ としてみよ)．まとめて，次のようになる．

座標近傍 O 中に臍点がないとき，座標曲線が曲率線であるための必要十分条件は

$$F=0,\qquad M=0 \tag{5.22}$$

である．

この状況のもとで，1点における接ベクトル $\boldsymbol{a}=\xi\boldsymbol{x}_u+\eta\boldsymbol{x}_v$ に対して法曲率は，(5.3)により

$$k_n(\boldsymbol{a})=\frac{L\xi^2+N\eta^2}{E\xi^2+G\eta^2}$$

であり，この点での主曲率は，(5.10)によって

$$k_1=\frac{L}{E},\qquad k_2=\frac{N}{G}$$

であるから，

$$k_n(\boldsymbol{a})=k_1\left\{\frac{\sqrt{E}\,\xi}{(E\xi^2+G\eta^2)^{1/2}}\right\}^2+k_2\left\{\frac{\sqrt{G}\,\eta}{(E\xi^2+G\eta^2)^{1/2}}\right\}^2$$

ところが，ベクトル $\boldsymbol{a}$ と $\boldsymbol{x}_u$ の作る角を θ とすれば，

$$\cos\theta=\frac{\sqrt{E}\,\xi}{(E\xi^2+G\eta^2)^{1/2}},\qquad \sin\theta=\frac{\sqrt{G}\,\eta}{(E\xi^2+G\eta^2)^{1/2}}$$

である．ゆえに，

$$k_n(\boldsymbol{a})=k_1\cos^2\theta+k_2\sin^2\theta \tag{5.23}$$

が成り立つ．これを**オイラー(Euler)の公式**という．(5.23)を導くとき，臍点が O 内に存在しないとして推論したが，臍点でも座標曲線が直交するとして(5.23)が成り立つ(なぜならば，臍点では，$k_1=k_2=k_n(\boldsymbol{a})$ であるからである)．

§3.6　線織面†

正則曲線 c：$\boldsymbol{x}=\boldsymbol{x}(s)$ $(s\in I)$ (s は弧長) の各点 $\boldsymbol{x}(s)$ に定ベクトル $\boldsymbol{e}(s)$ が与えられていて，$\boldsymbol{e}(s)$ は C^∞ 級であるとする．このとき，s と v をパラメーターとして次のパラメーター表示を考える．

$$\boldsymbol{x}=\boldsymbol{x}(s)+v\boldsymbol{e}(s) \tag{6.1}$$

この(6.1)は一般に曲面 S を表す．この曲面を**線織面**という．線織面 S は直線 l が1つの曲線 c に沿って運動したとき，直線 l がえがく曲面である：この動く

†) 都合によっては，この§3.6を省略しても後の推論に支障はない．

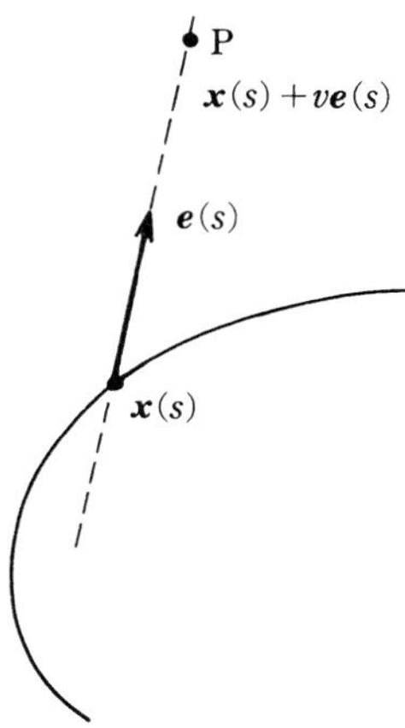

直線 l を**母線**という．

たとえば，**一葉双曲面**

$$\frac{(x_1)^2}{a^2}+\frac{(x_2)^2}{a^2}-\frac{(x_3)^2}{c^2}=1 \qquad (a,\ c>0)$$

は線織面である．この曲面と x_1x_2 平面の交わりである円を c とすれば，c：$\boldsymbol{x}=\boldsymbol{x}(s)$ であり，ここで $\boldsymbol{x}(s)=\left(a\cos\frac{s}{a},\ a\sin\frac{s}{a},\ 0\right)$（$s$ は弧長）である．c の各点で定ベクトル $\boldsymbol{e}=\left(-a\sin\frac{s}{a},\ a\cos\frac{s}{a},\ c\right)$ を考え，$\boldsymbol{x}=\boldsymbol{x}(s)+v\boldsymbol{e}(s)$ を作れば，これは上の一葉双曲面の方程式を満たす．ゆえに，$\boldsymbol{x}=\boldsymbol{x}(s)+v\boldsymbol{e}(s)$ はこの一葉双曲面の媒介変数表示である．

また，**双曲放物面**

$$x_3=\frac{(x_1)^2}{a^2}-\frac{(x_2)^2}{b^2}$$

も線織面である．

さて，(6.1) を微分すれば，

$$\boldsymbol{x}_s=\boldsymbol{x}'(s)+v\boldsymbol{e}'(s), \qquad \boldsymbol{x}_v=\boldsymbol{e}(s)$$

$$\boldsymbol{x}_{ss}=\boldsymbol{x}''(s)+v\boldsymbol{e}''(s), \qquad \boldsymbol{x}_{sv}=\boldsymbol{e}'(s), \qquad \boldsymbol{x}_{vv}=\boldsymbol{0}$$

となる．ゆえに，単位法ベクトルは

$$\boldsymbol{N}=\frac{\boldsymbol{x}_s\times\boldsymbol{x}_v}{\|\boldsymbol{x}_s\times\boldsymbol{x}_v\|}=\frac{1}{\sqrt{EG-F^2}}(\boldsymbol{x}'+v\boldsymbol{e}')\times\boldsymbol{e}$$

である．したがって，第2基本量は次のようになる．

$$L=\boldsymbol{x}_{ss}\cdot\boldsymbol{N}=\frac{1}{\sqrt{EG-F^2}}|\,\boldsymbol{x}''+v\boldsymbol{e}''\quad\boldsymbol{x}'+v\boldsymbol{e}'\quad\boldsymbol{e}\,|$$

$$M=\boldsymbol{x}_{sv}\cdot\boldsymbol{N}=\frac{1}{\sqrt{EG-F^2}}|\,\boldsymbol{e}'\quad\boldsymbol{x}'+v\boldsymbol{e}'\quad\boldsymbol{e}\,|=\frac{1}{\sqrt{EG-F^2}}|\,\boldsymbol{e}'\quad\boldsymbol{x}'\quad\boldsymbol{e}\,|$$

$$N=\boldsymbol{x}_{vv}\cdot\boldsymbol{N}=0$$

ここで，E，F，G は線織面 S の第1基本量であり，$\|\boldsymbol{x}_u\times\boldsymbol{x}_v\|^2=EG-F^2$ を利用した．したがって，線織面 S のガウス曲率 K は次のようになる．

$$K=\frac{LN-M^2}{EG-F^2}=-\frac{|\,\boldsymbol{e}'\quad\boldsymbol{x}'\quad\boldsymbol{e}\,|^2}{(EG-F^2)^2}\leqq 0 \tag{6.2}$$

まとめて，次の定理となる．

定理 3.10　線織面のガウス曲率 K について，$K\leqq 0$.　◇

正則曲線 c の接線の作る線織面を**接線曲面**という．正則曲線 c : $\boldsymbol{x}=\boldsymbol{x}(s)$ の単位接ベクトルを $\boldsymbol{t}(s)$ とすれば，接線曲面のパラメータ表示は

$$\boldsymbol{x}=\boldsymbol{x}(s)+v\boldsymbol{t}(s)\qquad(v\neq 0) \tag{6.3}$$

である．ただし，曲線 c の曲率 k は $k\neq 0$ を満たすとする．

例題 3.9　接線曲面(6.3)について次のものを求めよ．

(1)　E，F，G　　(2)　L，M，N　　(3)　ガウス曲率 K

(解答)　曲線 c: $\boldsymbol{x}=\boldsymbol{x}(s)$ （s は弧長）のフルネ標構を $\{\boldsymbol{t},\ \boldsymbol{n},\ \boldsymbol{b}\}$，曲率を $k=k(s)$，捩率を $\tau=\tau(s)$ とする．

(1)
$$\boldsymbol{x}_s=\boldsymbol{t}+vk\boldsymbol{n},\qquad \boldsymbol{x}_v=\boldsymbol{t}$$

$$\therefore\quad E=\boldsymbol{x}_s\cdot\boldsymbol{x}_s=1+v^2k^2,\qquad F=\boldsymbol{x}_s\cdot\boldsymbol{x}_v=1,\qquad G=\boldsymbol{x}_v\cdot\boldsymbol{x}_v=1$$

(2)
$$\boldsymbol{x}_s\times\boldsymbol{x}_v=-vk\boldsymbol{b}\qquad\therefore\quad \boldsymbol{N}=\frac{\boldsymbol{x}_s\times\boldsymbol{x}_v}{\|\boldsymbol{x}_s\times\boldsymbol{x}_v\|}=\pm\boldsymbol{b}$$

$$\boldsymbol{x}_{ss} = -vk^2\boldsymbol{t} + (k+vk')\boldsymbol{n} + vk\tau\boldsymbol{b}$$

$$\boldsymbol{x}_{sv} = k\boldsymbol{n}, \qquad \boldsymbol{x}_{vv} = \boldsymbol{0}$$

$$\therefore \quad L = \boldsymbol{x}_{ss}\cdot\boldsymbol{N} = \pm vk\tau, \qquad M = \boldsymbol{x}_{sv}\cdot\boldsymbol{N} = 0, \qquad N = \boldsymbol{x}_{vv}\cdot\boldsymbol{N} = 0$$

(3)
$$K = \frac{LN-M^2}{EG-F^2} = 0 \qquad \diamondsuit$$

可展面　線織面 S の接平面がおのおのの母線に沿って同一であるとき，これを**可展面**という．可展面は伸縮なしに平面上にひろげられるので，この名称がつけられている．柱面，錐面（頂点を除外する）は可展面の例である．さて，可展面 S：

$$\boldsymbol{x} = \boldsymbol{x}(s) + v\boldsymbol{e}(s)$$

について

$$\boldsymbol{x}_s = \boldsymbol{x}'(s) + v\boldsymbol{e}'(s), \qquad \boldsymbol{x}_v = \boldsymbol{e}(s)$$

$$\therefore \quad \boldsymbol{x}_s \times \boldsymbol{x}_v = \boldsymbol{x}'(s)\times\boldsymbol{e}(s) + v\boldsymbol{e}'(s)\times\boldsymbol{e}(s)$$

これは，S の各点で接平面に垂直である．s を止めて v を変化させると $\boldsymbol{x}_s\times\boldsymbol{x}_v$ の向きは変化しないから，$\boldsymbol{x}'(s)\times\boldsymbol{e}(s)$ と $\boldsymbol{e}'(s)\times\boldsymbol{e}(s)$ は平行である．ゆえに，$\boldsymbol{x}'$，$\boldsymbol{e}$，$\boldsymbol{e}'$ は1次従属である．すなわち，

$$|\boldsymbol{x}' \quad \boldsymbol{e} \quad \boldsymbol{e}'| = 0$$

である．また，逆も成り立つ．ここで，(6.2)に注目すれば，次の定理を得る．

定理 3.11　線織面が可展面であるための必要十分条件は $K=0$ である．　◇

たとえば，例題3.9の接線曲面は可展面である．

注意　一般に，曲面 S について $K=0$ が恒等的に成り立てば，S の任意の十分小さい座標近傍は伸縮なしに平面上にひろげることができることが知られている．

§3.7　単一曲面

ユークリッド空間 E^3 内の部分集合 S に対して，次の条件(i)，(ii)を満足す

る局所曲面の族 $\boldsymbol{B}=\{(U_\lambda,\ \psi_\lambda,\ O_\lambda)\mid\lambda\in\Lambda\}$ が存在するとき，S を**単一曲面**という．ここで，Λ は添字 λ の有限または無限集合である．

（i）
$$S=\bigcup_{\lambda\in\Lambda}\overline{O}_\lambda$$
すなわち，S の任意の点Pに対して，$\mathrm{P}\in O_\lambda$ となる $(U_\lambda,\ \psi_\lambda,\ O_\lambda)\in\boldsymbol{B}$ が存在する．

（ii）$\boldsymbol{B}$ の任意の元 $(U_\lambda,\ \psi_\lambda,\ O_\lambda)$ に対して，E^3 の開集合 G が存在して，$O_\lambda=G\cap S$ となる（O_λ は S の相対位相に関して開集合である）．すなわち，条件（i），（ii）は，$\{O_\lambda\mid\lambda\in\Lambda\}$ は S の開被覆であることを意味する．

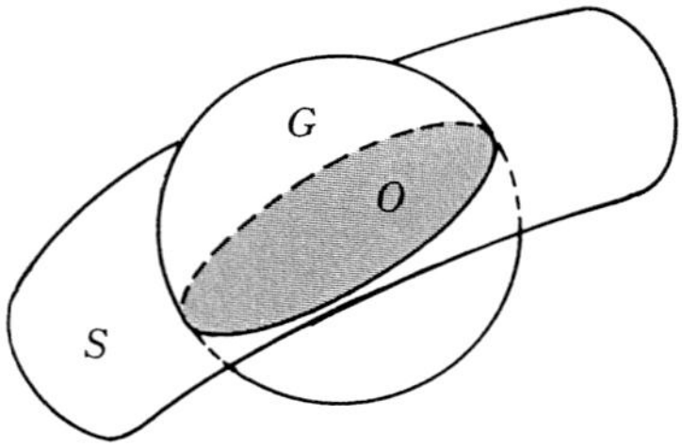

このとき，$\boldsymbol{B}$ を単一曲面 S の**アトラス**(atlas)という．単一曲面 S のアトラス $\boldsymbol{B}$ の元 $(U_\lambda,\ \psi_\lambda,\ O_\lambda)$ を単一曲面 S の**座標近傍**という．また，簡単に S の部分集合 O_λ を座標近傍ということもある．

さて，S の座標近傍 $(U_\lambda,\ \psi_\lambda,\ O_\lambda)$ がパラメーター表示
$$\boldsymbol{x}=\boldsymbol{x}(u,\ v)\qquad((u,\ v)\in U_\lambda)\tag{7.1}$$
で表されているとき，この(7.1)を単一曲面 S の座標近傍 O_λ における**局所表現**という．また，混乱するおそれがないとき，単一曲面を簡単に曲面ということが多い．

単一曲面 S の座標近傍 $(U_\lambda,\ \psi_\lambda,\ O_\lambda)$，$(U_\mu,\ \psi_\mu,\ O_\mu)$ について $O_\lambda\cap O_\mu\neq\phi$ であるとする．いま，$\psi_\lambda^{-1}(O_\lambda\cap O_\mu)=\tilde{U}_\lambda$，$\psi_\mu^{-1}(O_\lambda\cap O_\mu)=\tilde{U}_\mu$ とすれば，写像
$$\psi_\mu^{-1}\circ\psi_\lambda:\ \tilde{U}_\lambda\longrightarrow\tilde{U}_\mu\tag{7.2}$$
が

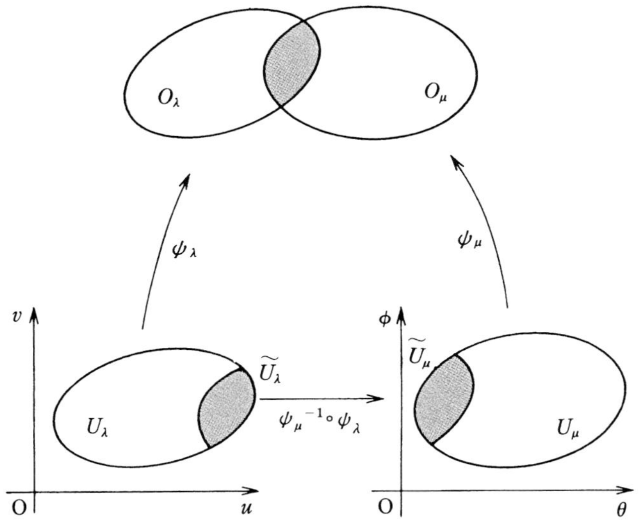

$$\theta=\theta(u,\ v),\qquad \phi=\phi(u,\ v)\qquad ((u,\ v)\in\widetilde{U}_\lambda) \tag{7.3}$$

で表されていれば，右辺は C^∞ 関数である．すなわち，$\psi_\mu{}^{-1}\circ\psi_\lambda$ は C^∞ 写像である（このことは陰関数定理を用いて証明されるが，証明を省略する）．また，

$$\frac{\partial(\theta,\ \phi)}{\partial(u,\ v)}\neq 0$$

であることも証明できる（演習問題 3-B，2 (p.80) 参照）．すなわち，$\psi_\mu{}^{-1}\circ\psi_\lambda$: $\widetilde{U}_\lambda\longrightarrow\widetilde{U}_\mu$ は許容変換である（§3.1(p.42) 参照）．この許容変換 $\psi_\mu{}^{-1}\circ\psi_\lambda$: $\widetilde{U}_\lambda\longrightarrow\widetilde{U}_\mu$ または $\theta=\theta(u,\ v)$，$\phi=\phi(u,\ v)$ を $O_\lambda\cap O_\mu$ における**座標変換**という．

例題 3.10　球面 $(x_1)^2+(x_2)^2+(x_3)^2=1$ を S とする．S は単一曲面であることを証明せよ．

(解答)　次のように，S の部分集合を考える．

$O_1^+=\{(x_1,\ x_2,\ x_3)\in S\mid x_1>0\}$，　$O_1^-=\{(x_1,\ x_2,\ x_3)\in S\mid x_1<0\}$

$O_2^+=\{(x_1,\ x_2,\ x_3)\in S\mid x_2>0\}$，　$O_2^-=\{(x_1,\ x_2,\ x_3)\in S\mid x_2<0\}$

$O_3^+=\{(x_1,\ x_2,\ x_3)\in S\mid x_3>0\}$，　$O_3^-=\{(x_1,\ x_2,\ x_3)\in S\mid x_3<0\}$

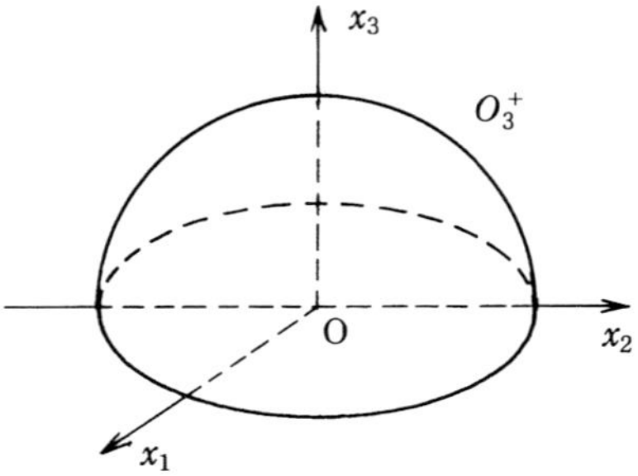

さて，E^3 の開集合 $G_1^+=\{(x_1,\ x_2,\ x_3)\mid x_1>0\}$ を考えれば，$O_1^+=G_1^+\cap S$．同様に，E^3 の開集合 G_2^+，…，G_3^- を考えれば，$O_2^+=G_2^+\cap S$，…，$O_3^-=G_3^-\cap S$であり，$S=O_1^+\cup O_2^+\cup\cdots\cup O_3^-$ である．

さて，$U_3=\{(u,\ v)\mid u^2+v^2<1\}$ とし，写像 $\phi_3^+:U_3\longrightarrow O_3^+$ と $\phi_3^-:U_3\longrightarrow O_3^-$ をそれぞれ次の式で定義する．

$$\left.\begin{aligned}\phi_3^+(u,\ v)&=(u,\ v,\ \sqrt{1-u^2-v^2})\\ \phi_3^-(u,\ v)&=(u,\ v,\ -\sqrt{1-u^2-v^2})\end{aligned}\right.\qquad ((u,\ v)\in U_3)$$

このとき，$(U_3,\ \phi_3^+,\ O_3^+)$，$(U_3,\ \phi_3^-,\ O_3^-)$は局所曲面である．同様に，$U_1=\{(\theta,\ \phi)\mid\theta^2+\phi^2<1\}$，$U_2=\{(\xi,\ \eta)\mid\xi^2+\eta^2<1\}$ とし，写像 $\phi_1^+:U_1\longrightarrow O_1^+$，$\phi_1^-:U_1\longrightarrow O_1^-$，$\phi_2^+:U_2\longrightarrow O_2^+$，$\phi_2^-:U_2\longrightarrow O_2^-$ をそれぞれ次のように定義する．

$$\left.\begin{aligned}\phi_1^+(\theta,\ \phi)&=(\sqrt{1-\theta^2-\phi^2},\ \theta,\ \phi)\\ \phi_1^-(\theta,\ \phi)&=(-\sqrt{1-\theta^2-\phi^2},\ \theta,\ \phi)\end{aligned}\right.\qquad ((\theta,\ \phi)\in U_1)$$

$$\left.\begin{aligned}\phi_2^+(\xi,\ \eta)&=(\xi,\ \sqrt{1-\xi^2-\eta^2},\ \eta)\\ \phi_2^-(\xi,\ \eta)&=(\xi,\ -\sqrt{1-\xi^2-\eta^2},\ \eta)\end{aligned}\right.\qquad ((\xi,\ \eta)\in U_2)$$

このように，局所曲面$(U_1,\ \phi_1^+,\ O_1^+)$，$(U_1,\ \phi_1^-,\ O_1^-)$，…，$(U_3,\ \phi_3^+,\ O_3^+)$，$(U_3,\ \phi_3^-,\ O_3^-)$は球面Sのアトラスを形成する．ゆえに，Sは単一曲面である．
◇

上の例題3.10の解答において，$O_2^+\cap O_3^+\neq\phi$ である．さて，

$$\tilde{U}_2^+ = (\psi_2^+)^{-1}(O_2^+ \cap O_3^+) = \{(\xi,\ \eta) \mid \xi^2+\eta^2<1,\ \eta>0\}$$

$$\tilde{U}_3^+ = (\psi_3^+)^{-1}(O_2^+ \cap O_3^+) = \{(u,\ v) \mid u^2+v^2<1,\ v>0\}$$

であって，座標変換 $(\psi_3^+)^{-1} \circ \psi_2^+ : \tilde{U}_2^+ \longrightarrow \tilde{U}_3^+$ は

$$u=\xi, \qquad v=\sqrt{1-\xi^2-\eta^2} \qquad ((\xi,\ \eta)\in \tilde{U}_2^+)$$

で表され，これは C^∞ 写像であり，しかも，$\eta>0$ であるから，

$$\frac{\partial(u,\ v)}{\partial(\xi,\ \eta)} = -\frac{\eta}{\sqrt{1-\xi^2-\eta^2}} \neq 0 \qquad ((\xi,\ \eta)\in \tilde{U}_2^+)$$

である．同様なことが $O_1^+ \cap O_2^+$，$O_1^- \cap O_2^-$，…，$O_2^- \cap O_3^-$ においても成り立つ．

ガウス曲率・平均曲率　単一曲面 S の座標近傍 O，O^* をとり，$O \cap O^* \neq \phi$ とする．また，O，O^* における座標をそれぞれ $(u,\ v)$，$(\theta,\ \phi)$ とする．さらに，O，O^* における第1基本量をそれぞれ E，F，G；E^*，F^*，G^* とする．また，O，O^* における第2基本量をそれぞれ L，M，N；L^*，M^*，N^* とする．このとき，$O \cap O^*$ において(3.7)(p.49)と(4.13)(p.56)が成り立ち，$O \cap O^*$ において

$$K=\frac{LN-M^2}{EG-F^2}=\frac{L^*N^*-M^{*2}}{L^*G^*-F^{*2}}=K^*$$

が成り立つ．ここで，K，K^* はそれぞれ O，O^* におけるガウス曲率である．したがって，次の定理が成り立つ．

定理 3.12　単一曲面 S において，ガウス曲率 K は S の全域にわたって定義された C^∞ 関数である．　◇

さて，O，O^* において(5.19)(p.66)によって作った行列をそれぞれ

$$\begin{pmatrix} h_1{}^1 & h_2{}^1 \\ h_1{}^2 & h_2{}^2 \end{pmatrix}, \qquad \begin{pmatrix} {}^*h_1{}^1 & {}^*h_2{}^1 \\ {}^*h_1{}^2 & {}^*h_2{}^2 \end{pmatrix}$$

とすれば，(3.6)(p.49)と(4.12)(p.56)によって，$O \cap O^*$ 内で

$$\begin{pmatrix} {}^*h_1{}^1 & {}^*h_2{}^1 \\ {}^*h_1{}^2 & {}^*h_2{}^2 \end{pmatrix} = \varepsilon(\varDelta) J^t \begin{pmatrix} h_1{}^1 & h_2{}^1 \\ h_1{}^2 & h_2{}^2 \end{pmatrix} (J^t)^{-1}, \qquad J=\begin{pmatrix} \partial u/\partial\theta & \partial u/\partial\phi \\ \partial v/\partial\theta & \partial v/\partial\phi \end{pmatrix} \quad (7.4)$$

が成り立つ．ここで，$\varepsilon(\varDelta)$ は $\varDelta=|J|$ の符号である．また，O，O^* 内で平均

曲率はそれぞれ

$$H=\frac{1}{2}(h_1{}^1+h_2{}^2), \qquad H^*=\frac{1}{2}({}^*h_1{}^1+{}^*h_2{}^2)$$

であるから，(7.4)と行列のトレースの性質

$$T_r(J^t(h_\beta{}^\alpha)(J^t)^{-1})=T_r(h_\beta{}^\alpha)$$

によって，$O\cap O^*$ 内で

$${}^*h_1{}^1+{}^*h_2{}^2=\varepsilon(\varDelta)(h_1{}^1+h_2{}^2)$$

が成り立つ．ゆえに，$O\cap O^*$ において，ここで，

$$H^*=\varepsilon(\varDelta)H \tag{7.5}$$

が成り立つ．まとめて，次の定理が成立する．

定理 3.13　単一曲面 S の座標近傍 O，O^* について $O\cap O^*\neq\phi$ であれば，O と O^* における平均曲率をそれぞれ H，H^* とするとき，$O\cap O^*$ において

$$H^*=\varepsilon(\varDelta)H$$

が成り立つ．　◇

また，単一曲面 S の 2 つの座標近傍 O，O^* における単位法ベクトルをそれぞれ $\boldsymbol{N}$，$\boldsymbol{N}^*$ とすれば，(4.7)(p.55)によって，$O\cap O^*$ 内で

$$\boldsymbol{N}^*=\varepsilon(\varDelta)\boldsymbol{N} \tag{7.6}$$

である．したがって，O，O^* における平均曲率ベクトルをそれぞれ $\boldsymbol{h}$，$\boldsymbol{h}^*$ とすれば，(7.5)と(7.6)によって，$O\cap O^*$ において

$$\boldsymbol{h}^*=\boldsymbol{h}$$

である．ゆえに，次の定理が成り立つ．

定理 3.14　単一曲面 S において，平均曲率ベクトル $\boldsymbol{h}$ は S の全域にわたって C^∞ 級で分布している．　◇

単一曲面 S が次の条件(C)を満たすアトラス $\boldsymbol{B}=\{(U_\lambda,\ \psi_\lambda,\ O_\lambda)\mid\lambda\in\varLambda\}$ が存在するとき，S は**向きをもつ**という．

(C)　$\boldsymbol{B}$ の任意の元 $(U_\lambda,\ \psi_\lambda,\ O_\lambda)$，$(U_\mu,\ \psi_\mu,\ O_\mu)$ に対して，$O_\lambda \cap O_\mu$ における座標変換 $u=u(\theta,\ \phi)$，$v=v(\theta,\ \phi)$ のヤコビアンについて

$$\frac{\partial(u,\ v)}{\partial(\theta,\ \phi)}>0$$

が成り立つ．

たとえば，球面，トーラス，平面などは向きをもつ．また，向きをもたない曲面も存在する．たとえば，**メービウス** (Möbius) **帯**はその例である．定理3.13と(7.6)によってそれぞれ次の定理が成り立つ．

定理 3.15　向きをもつ単一曲面 S では，平均曲率 H は S の全域にわたって C^∞ 関数である．　◇

定理 3.16　向きをもつ単一曲面 S では，単位法ベクトル $\boldsymbol{N}$ は S の全域にわたって C^∞ 級に分布している．　◇

この定理 3.16 によって，向きをもつ単一曲面 S についてはその表側と裏側を明確に定められることがわかる．

曲線の長さ　S を単一曲面とする．区間 I から S の中への連続写像 $c:I\longrightarrow S$ を S 内の**連続曲線**という．c を空間曲線と考えたときに正則曲線であれば，$c:I\longrightarrow S$ を**正則曲線**という．

さて，I が閉区間であって，$I=[a,\ b]$ とする．正則曲線 $c:I\longrightarrow S$ の長さについて考える．像 $c(I)$ は S 内で有界閉集合である．そこで，図のように，像 $c(I)$ を有限個の座標近傍 O_1，O_2，…，O_k で被い，隣り合う座標近傍の共通部分の内に $c(I)$ 上の点 P_1，P_2，…，P_{k-1} をとれば，$\widehat{\mathrm{P}_0\mathrm{P}_1}$，$\widehat{\mathrm{P}_1\mathrm{P}_2}$，…，$\widehat{\mathrm{P}_{k-1}\mathrm{P}_k}$ はそれぞれ O_1，O_2，…，O_k に含まれる．($\mathrm{P}_0=c(a)$，$\mathrm{P}_k=c(b)$ とする)．そこで，(3.9) (p.50) にしたがって，$L(\widehat{\mathrm{P}_0\mathrm{P}_1})$，$L(\widehat{\mathrm{P}_1\mathrm{P}_2})$，…，$L(\widehat{\mathrm{P}_{k-1}\mathrm{P}_k})$ を計算し，これらの和

$$L(c)=L(\widehat{\mathrm{P}_0\mathrm{P}_1})+L(\widehat{\mathrm{P}_1\mathrm{P}_2})+\cdots+L(\widehat{\mathrm{P}_{k-1}\mathrm{P}_k}) \tag{7.7}$$

を作れば，曲線 c の長さ $L(c)$ を計算できる．なお，上の(7.7)の右辺の和の値

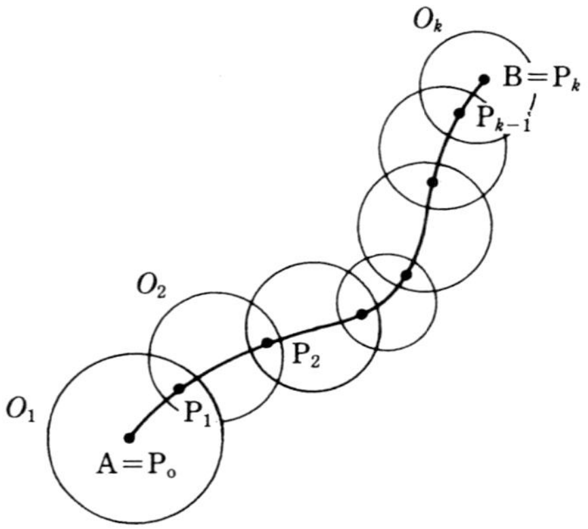

は曲線 $c(I)$ の分割の仕方に無関係であることを証明できる．(§ 3.3(p.50) で述べた，局所曲面内の曲線の長さがパラメーター変換で不変であることを利用する．)

面分の面積 向きをもつ単一曲面 S 内の有界閉領域 D の面積 $A(D)$ の求め方を考える．まず，2 つの座標近傍 O，O^* の共通部分 $O \cap O^*$ に含まれている有界閉領域 W を考えれば，$W \subset O$ とみなすと，$A(W)$ は (3.10) (p.52) によって

$$\iint_{\varphi^{-1}(W)} \sqrt{EG-F^2}\, du\, dv$$

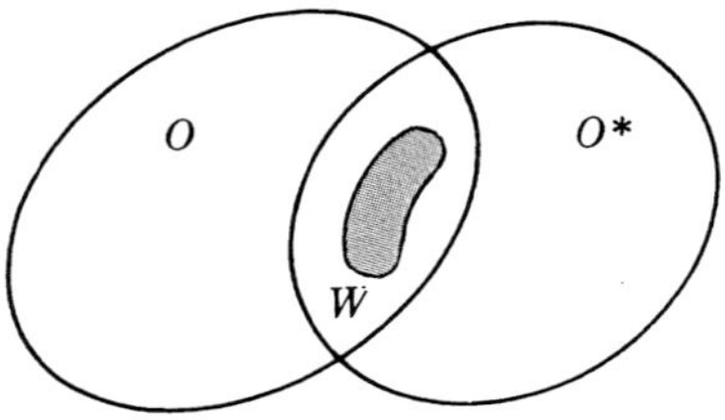

で計算される．他方において，$W \subset O^*$ とみなせば，$A(W)$ は

$$\iint_{(\varphi \circ f)^{-1}(W)} \sqrt{E^*G^*-F^{*2}}\, d\theta\, d\phi$$

で計算できる．さて，S は向きをもっているから，(3.12) (p.52) によって上の 2 つの二重積分の値は等しい．すなわち，$A(W)$ を計算するのに，W を含む座標

近傍の選び方に $A(W)$ の値はかかわらない．

さて，S 上の有界閉領域 D をとる．D を小さい領域 W_1，W_2，…，W_k に分割して，これらはそれぞれ座標近傍 O_1，O_2，…，O_n に含まれるようにする．このとき，$W_i \subset O_i\,(1 \leqq i \leqq k)$ と考えて，$A(W_i)$ を計算し，その和

$$A(W) = A(W_1) + A(W_2) + \cdots + A(W_k)$$

を作って，$A(D)$ を計算する．このとき，上の和の値は D の分割の仕方に無関係である．

完備な曲面　単一曲面 S が空間 E^3 内で閉集合であるとき，S は**完備**であるという．さらに一般な位相空間について完備性が定義されているが，単一曲面についての完備性の定義は上のもので十分である．次の定理が成り立つことが知られているが，その証明を省略する．

定理 3.17　単一曲面 S は完備であり，単一曲面 T は連結であるとする．このとき，$S \subset T$ ならば $S = T$ である．　◇

演習問題　3

［A］

1．xy 平面上の領域 D で定義された C^∞ 関数 $f(x,\ y)$ のグラフ

$$S = \{(x,\ y,\ f(x,\ y)) \mid (x,\ y) \in D\}$$

はパラメーター表示 $\boldsymbol{x} = (u,\ v,\ f(u,\ v))$ $((u,\ v) \in D)$ で表される局所曲面であることを証明せよ．

2．上の問題1の局所曲面 S について次のものを求めよ．

（1）E，F，G　　（2）L，M，N

3．上の問題1の局所曲面 S の面積 A は，D が有界閉領域であれば，次の式で与えられることを証明せよ．

$$A = \iint_D \sqrt{1 + f_x{}^2 + f_y{}^2}\,dx\,dy$$

4．トーラス S：$\boldsymbol{x} = ((b + a\sin\phi)\cos\theta,\ (b + a\sin\phi)\sin\theta,\ a\cos\phi)$ $(0 \leqq \theta \leqq 2\pi,\ 0 \leqq \phi \leqq 2\pi)$ について次のものを求めよ．$(b > a > 0)$

（1）　L，M，N　　（2）　ガウス曲率K

（3）　S上の楕円点，双曲点，放物点　　（4）　平均曲率H

（5）　主曲率 k_1，k_2

5．　曲面 $\boldsymbol{x}=(u\cos v,\ u\sin v,\ av+b)$について次のものを求めよ．$(a>0)$

（1）　E，F，G　　（2）　L，M，N

（3）　ガウス曲率K　　（4）　平均曲率H

（5）　主曲率 k_1，k_2

6．　曲面 $\boldsymbol{x}=(u+v,\ u-v,\ u^2+v^2)$について次のものを求めよ．

（1）　E，F，G　　（2）　L，M，N

（3）　ガウス曲率K　　（4）　平均曲率H

7．　楕円面 $\boldsymbol{x}=(a\sin u\cos v,\ b\sin u\sin v,\ c\cos u)$のすべての点は楕円点であることを証明せよ．

［B］

1．　例題3.8(p.66)を利用して，平均曲率Hが0である回転面を求めよ．

注意　平均曲率Hが0である曲面を**極小曲面**という．

2．　単一曲面Sの2つの座標近傍$(U,\ \phi,\ O)$，$(U^*,\ \phi^*,\ O^*)$について$O\cap O^*\neq\phi$とする．SのOとO^*における局所曲面をそれぞれ $\boldsymbol{x}=\boldsymbol{x}(u,\ v)$　$((u,\ v)\in U)$と $\boldsymbol{x}=\boldsymbol{x}^*(\theta,\ \phi)$　$((\theta,\ \phi)\in U^*)$とする．$\boldsymbol{x}(u,\ v)=\boldsymbol{x}^*(\theta,\ \phi)$　$((u,\ v)\in\phi^{-1}(O\cap O^*))$から微分可能な関数 $\theta=\theta(u,\ v)$，$\phi=\phi(u,\ v)$が得られたとすれば，

$$\frac{\partial(\theta,\ \phi)}{\partial(u,\ v)}\neq 0$$

である．このことを証明せよ．

3．　曲面上の点Pにおいて，Pにおける接平面に平行で，しかもこれに非常に近い平面で曲面を切った切口の曲線は，点Pが楕円点であれば楕円に，点Pが双曲点であれば双曲線に近似的に等しい．このことを証明せよ．

4．　曲面 $x_3=f(x_1,\ x_2)$の平均曲率が$H=0$であるための必要十分条件は

$$\frac{\partial}{\partial x_1}\left(\frac{p}{\sqrt{1+p^2+q^2}}\right)+\frac{\partial}{\partial x_2}\left(\frac{q}{\sqrt{1+p^2+q^2}}\right)=0$$

である．ただし，$f(x_1,\ x_2)$はC^∞ 関数であり，$p=\partial f/\partial x_1$，$q=\partial f/\partial x_2$．このことを証明せよ．これを極小曲面の**ラグランジュの微分方程式**という．

第 4 章　曲面の構造

§4.1　ガウス・ワインガルテンの方程式

指標記法　単一曲面 S の座標近傍 O 内の座標を $(u,\ v)$ とし，S の O 内での局所表現を $\boldsymbol{x}=\boldsymbol{x}(u,\ v)$ とする．ここで，記号を改めて $u^1=u$，$u^2=v$ とおいて，この局所表現を

$$\boldsymbol{x}=\boldsymbol{x}(u^1,\ u^2)$$

と書き表す．次に，

$$\boldsymbol{x}_u=\frac{\partial \boldsymbol{x}}{\partial u}=\frac{\partial \boldsymbol{x}}{\partial u^1}, \qquad \boldsymbol{x}_v=\frac{\partial \boldsymbol{x}}{\partial v}=\frac{\partial \boldsymbol{x}}{\partial u^2}$$

であるので，次のようにおく．

$$\boldsymbol{x}_1=\boldsymbol{x}_u, \qquad \boldsymbol{x}_2=\boldsymbol{x}_v$$

さらに，第 1 基本量は

$$E=\boldsymbol{x}_1\cdot\boldsymbol{x}_1, \qquad F=\boldsymbol{x}_1\cdot\boldsymbol{x}_2=\boldsymbol{x}_2\cdot\boldsymbol{x}_1, \qquad G=\boldsymbol{x}_2\cdot\boldsymbol{x}_2$$

であるから，

$$g_{11}=E, \qquad g_{12}=g_{21}=F, \qquad g_{22}=G$$

とおく．すなわち，第 1 基本量をまとめて $g_{\alpha\beta}$ で表すと，

$$g_{\alpha\beta}=g_{\beta\alpha}$$

が成り立つ．この式は行列

$$(g_{\alpha\beta})=\begin{pmatrix} g_{11} & g_{12} \\ g_{21} & g_{22} \end{pmatrix}=\begin{pmatrix} E & F \\ F & G \end{pmatrix}$$

は対称行列であることを意味する．また，この行列の行列式は

$$\det(g_{\alpha\beta})=\begin{vmatrix} g_{11} & g_{12} \\ g_{21} & g_{22} \end{vmatrix}=\begin{vmatrix} E & F \\ F & G \end{vmatrix}=EG-F^2$$

である．$E>0$，$G>0$，$EG-F^2>0$ であるから，これを

$$g_{11}>0, \qquad g_{22}>0, \qquad \det(g_{\alpha\beta})>0$$

と書き換えられる．

次に，第2基本量について

$$h_{11}=L, \qquad h_{12}=h_{21}=M, \qquad h_{22}=N$$

とおくと，

$$h_{\alpha\beta}=h_{\beta\alpha}$$

であって，第2基本量の作る行列

$$(h_{\alpha\beta})=\begin{pmatrix} h_{11} & h_{12} \\ h_{21} & h_{22} \end{pmatrix}=\begin{pmatrix} L & M \\ M & N \end{pmatrix}$$

は対称行列である．

この記法にしたがえば，第1基本微分形式は $I(du^1,\ du^2)=I(du,\ dv)$ となり，これを

$$\begin{aligned} I(du^1,\ du^2) &= E(du)^2+2F\,du\,dv+G(dv)^2 \\ &= g_{11}\,du^1\,du^1+g_{12}\,du^1\,du^2+g_{21}\,du^2\,du^1+g_{22}\,du^2\,du^2 \end{aligned}$$

と書き表せる．したがって，

$$I(du^1,\ du^2)=\sum_{\alpha,\beta=1}^{2} g_{\alpha\beta}\,du^\alpha\,du^\beta=\sum_{\alpha,\beta} g_{\alpha\beta}\,du^\alpha\,du^\beta$$

となる．このように，和を表す記号 $\sum_{\alpha=1}^{2}$，$\sum_{\alpha,\beta=1}^{2}$ などをそれぞれ $\sum_{\alpha}$，$\sum_{\alpha,\beta}$ または Σ_α，$\Sigma_{\alpha,\beta}$ などで表す．同様に，第2基本微分形式 $II(du^1,\ du^2)=II(du,\ dv)$ は次のようになる．

$$II(du^1,\ du^2)=\sum_{\alpha,\beta=1}^{2} h_{\alpha\beta}\,du^\alpha\,du^\beta=\sum_{\alpha,\beta} h_{\alpha\beta}\,du^\alpha\,du^\beta$$

さて，u，v をまとめて u^α で，$\boldsymbol{x}_u$，$\boldsymbol{x}_v$ をまとめて $\boldsymbol{x}_\alpha$ で，g_{11}，g_{12}，g_{21}，g_{22} をまとめて $g_{\alpha\beta}$ で表したが，このように和の記法に無関係な指標の α，β，γ，…などを**自由指標**という．この章では主として，ここで述べた**指標記法**にしたがう．

例題 4.1　第1基本量の作る行列 $(g_{\alpha\beta})=\begin{pmatrix} g_{11} & g_{12} \\ g_{21} & g_{22} \end{pmatrix}$ の逆行列を $(g^{\alpha\beta})=$

$\begin{pmatrix} g^{11} & g^{12} \\ g^{21} & g^{22} \end{pmatrix}$ とする．次のことを証明せよ．ここで，$g=\begin{vmatrix} g_{11} & g_{12} \\ g_{21} & g_{22} \end{vmatrix}=EG-F^2$.

（1）　$g^{11}=\dfrac{1}{g}g_{22}$,　　$g^{12}=-\dfrac{1}{g}g_{12}$,　　$g^{21}=-\dfrac{1}{g}g_{21}$,　　$g^{22}=\dfrac{1}{g}g_{11}$

（2）　$g^{\alpha\beta}=g^{\beta\alpha}$

（3）　$\sum_\gamma g^{\alpha\gamma}g_{\gamma\beta}=\sum_\gamma g^{\gamma\alpha}g_{\gamma\beta}=\sum_\gamma g^{\alpha\gamma}g_{\beta\gamma}=\sum_\gamma g^{\gamma\alpha}g_{\beta\gamma}=\delta^\alpha_\beta=\begin{cases} 1 & (\alpha=\beta) \\ 0 & (\alpha\neq\beta) \end{cases}$

（解答）　（1）　$g=EG-F^2>0$ であるから，逆行列を求める公式によって

$$(g^{\alpha\beta})=(g_{\alpha\beta})^{-1}=\frac{1}{g}\begin{pmatrix} g_{22} & -g_{12} \\ -g_{21} & g_{11} \end{pmatrix}$$

$$\therefore\quad g^{11}=\frac{1}{g}g_{22},\qquad g^{12}=-\frac{1}{g}g_{12},\qquad g^{21}=-\frac{1}{g}g_{21},\qquad g^{22}=\frac{1}{g}g_{11}$$

（2）　上の問(1)の結果と $g_{12}=g_{21}$ から

$$g^{12}=g^{21}$$

が導かれる．したがって，$g^{\alpha\beta}=g^{\beta\alpha}$.

（3）　単位行列を I とすれば，$I=(g_{\alpha\beta})^{-1}(g_{\alpha\beta})=(g^{\alpha\beta})(g_{\alpha\beta})$ であるから，

$$\begin{pmatrix} 1 & 0 \\ 0 & 1 \end{pmatrix}=\begin{pmatrix} g^{11} & g^{12} \\ g^{21} & g^{22} \end{pmatrix}\begin{pmatrix} g_{11} & g_{12} \\ g_{21} & g_{22} \end{pmatrix}=\begin{pmatrix} \sum_\gamma g^{1\gamma}g_{\gamma1} & \sum_\gamma g^{1\gamma}g_{\gamma2} \\ \sum_\gamma g^{2\gamma}g_{\gamma1} & \sum_\gamma g^{2\gamma}g_{\gamma2} \end{pmatrix}$$

$$\therefore\quad \sum_\gamma g^{1\gamma}g_{\gamma1}=1,\qquad \sum_\gamma g^{1\gamma}g_{\gamma2}=0,\qquad \sum_\gamma g^{2\gamma}g_{\gamma1}=0,\qquad \sum_\gamma g^{2\gamma}g_{\gamma2}=1$$

これをまとめて書けば，次のようになる．

$$\sum_\gamma g^{\alpha\gamma}g_{\gamma\beta}=\delta^\alpha_\beta$$

さらに，$g_{\alpha\beta}=g_{\beta\alpha}$，$g^{\alpha\beta}=g^{\beta\alpha}$ を利用すれば，その他の等式は明らかである．　◇

ガウスの方程式　単一曲面 S の座標近傍 O における局所表現を $\boldsymbol{x}=\boldsymbol{x}(u^1, u^2)$ とする．このとき，接ベクトル $\boldsymbol{x}_1$，$\boldsymbol{x}_2$ の変化率を表す次の方程式が成り立つ．これを**ガウスの方程式**という．

$$\frac{\partial \boldsymbol{x}_\alpha}{\partial u^\beta}=\sum_\gamma \left\{ \begin{matrix} \gamma \\ \alpha\beta \end{matrix} \right\} \boldsymbol{x}_\gamma+h_{\alpha\beta}\boldsymbol{N} \tag{1.1}$$

ここで，$h_{\alpha\beta}$ は第 2 基本量である．また，

$$\left\{ \begin{matrix} \gamma \\ \alpha\beta \end{matrix} \right\} = \frac{1}{2}\sum_{\delta} g^{\gamma\delta}\left(\frac{\partial g_{\delta\alpha}}{\partial u^{\beta}} + \frac{\partial g_{\delta\beta}}{\partial u^{\alpha}} - \frac{\partial g_{\alpha\beta}}{\partial u^{\delta}} \right) \tag{1.2}$$

であり，これを**クリストッフェル** (Christoffel) **の記号**という．

［**証明**］ $\boldsymbol{x}_1$，$\boldsymbol{x}_2$，$\boldsymbol{N}$ は基底を構成するから，

$$\frac{\partial \boldsymbol{x}_{\alpha}}{\partial u^{\beta}} = \sum_{\gamma} \Gamma^{\gamma}_{\alpha\beta}\boldsymbol{x}_{\gamma} + \Gamma_{\alpha\beta}\boldsymbol{N} \tag{a}$$

とおくことができる．ここで，$\Gamma^{\gamma}_{\alpha\beta}$，$\Gamma_{\alpha\beta}$ は $(u^1,\ u^2)$ の関数である．さて，

$$\frac{\partial \boldsymbol{x}_{\alpha}}{\partial u^{\beta}} = \frac{\partial^2 \boldsymbol{x}}{\partial u^{\beta}\partial u^{\alpha}} = \frac{\partial^2 \boldsymbol{x}}{\partial u^{\alpha}\partial u^{\beta}} = \frac{\partial \boldsymbol{x}_{\beta}}{\partial u^{\alpha}}$$

であるから，

$$\sum_{\gamma} \Gamma^{\gamma}_{\alpha\beta}\boldsymbol{x}_{\gamma} + \Gamma_{\alpha\beta}\boldsymbol{N} = \sum_{\gamma} \Gamma^{\gamma}_{\beta\alpha}\boldsymbol{x}_{\gamma} + \Gamma_{\beta\alpha}\boldsymbol{N}$$

である．ところが，$\boldsymbol{x}_1$，$\boldsymbol{x}_2$，$\boldsymbol{N}$ は 1 次独立であるから，

$$\Gamma^{\gamma}_{\alpha\beta} = \Gamma^{\gamma}_{\beta\alpha}, \qquad \Gamma_{\alpha\beta} = \Gamma_{\beta\alpha} \tag{b}$$

である．

まず，(a)の両辺と $\boldsymbol{N}$ の内積を作れば，$\boldsymbol{x}_{\gamma}\cdot\boldsymbol{N}=0$，$\boldsymbol{N}\cdot\boldsymbol{N}=1$ であるから，第 3 章，(4.1)(p.54)によって，次のように $\Gamma_{\alpha\beta}$ を求めることができる．

$$\Gamma_{\alpha\beta} = \frac{\partial \boldsymbol{x}_{\alpha}}{\partial u^{\beta}}\cdot\boldsymbol{N} = \frac{\partial^2 \boldsymbol{x}}{\partial u^{\alpha}\partial u^{\beta}}\cdot\boldsymbol{N} \qquad \therefore \quad \Gamma_{\alpha\beta} = h_{\alpha\beta} \tag{c}$$

次に，$\Gamma^{\gamma}_{\alpha\beta}$ を求める．(a)の両辺と $\boldsymbol{x}_{\delta}$ の内積を作れば，$\boldsymbol{x}_{\delta}\cdot\boldsymbol{N}=0$，$\boldsymbol{x}_{\alpha}\cdot\boldsymbol{x}_{\beta}=g_{\alpha\beta}$ であるから，

$$\frac{\partial \boldsymbol{x}_{\alpha}}{\partial u^{\beta}}\cdot\boldsymbol{x}_{\delta} = \sum_{\gamma} \Gamma^{\gamma}_{\alpha\beta}\boldsymbol{x}_{\gamma}\cdot\boldsymbol{x}_{\delta} \qquad \therefore \quad \frac{\partial \boldsymbol{x}_{\alpha}}{\partial u^{\beta}}\cdot\boldsymbol{x}_{\delta} = \sum_{\gamma} \Gamma^{\gamma}_{\alpha\beta} g_{\gamma\delta} \tag{d}$$

ところが，$g_{\alpha\delta} = \boldsymbol{x}_{\alpha}\cdot\boldsymbol{x}_{\delta}$ の両辺を u^{β} で微分すれば，

$$\frac{\partial g_{\alpha\delta}}{\partial u^{\beta}} = \frac{\partial \boldsymbol{x}_{\alpha}}{\partial u^{\beta}}\cdot\boldsymbol{x}_{\delta} + \boldsymbol{x}_{\alpha}\cdot\frac{\partial \boldsymbol{x}_{\delta}}{\partial u^{\beta}}$$

この右辺に(d)を代入すれば，

$$\frac{\partial g_{\alpha\delta}}{\partial u^{\beta}} = \sum_{\gamma} \Gamma^{\gamma}_{\alpha\beta} g_{\gamma\delta} + \sum_{\gamma} \Gamma^{\gamma}_{\delta\beta} g_{\gamma\alpha} \tag{e}$$

これを $\Gamma^{\gamma}_{\alpha\beta}$ を未知数とする連立方程式と考えて，これを解いて $\Gamma^{\gamma}_{\alpha\beta}$ を求めることによって目的を達成することができるはずであるが，ここでは以下に述べる特別な方法で $\Gamma^{\gamma}_{\alpha\beta}$ を求める．

さて，(e)において指標の置換 $\alpha\to\beta\to\delta\to\alpha$ を 2 回実行すれば，次の 2 つの式が成り立つ．

$$\frac{\partial g_{\beta\alpha}}{\partial u^{\delta}}=\sum_{\gamma}\Gamma^{\gamma}_{\beta\delta}g_{\gamma\alpha}+\sum_{\gamma}\Gamma^{\gamma}_{\alpha\delta}g_{\gamma\beta} \qquad \text{(f)}$$

$$\frac{\partial g_{\delta\beta}}{\partial u^{\alpha}}=\sum_{\gamma}\Gamma^{\gamma}_{\delta\alpha}g_{\gamma\beta}+\sum_{\gamma}\Gamma^{\gamma}_{\beta\alpha}g_{\gamma\delta} \qquad \text{(g)}$$

ここで，$\{(e)+(f)-(g)\}/2$ を作り，$\Gamma^{\gamma}_{\alpha\beta}=\Gamma^{\gamma}_{\beta\alpha}$ と $g_{\alpha\beta}=g_{\beta\alpha}$ を利用すれば，次の式を得る．

$$\frac{1}{2}\left(\frac{\partial g_{\alpha\delta}}{\partial u^{\beta}}+\frac{\partial g_{\beta\alpha}}{\partial u^{\delta}}-\frac{\partial g_{\delta\beta}}{\partial u^{\alpha}}\right)=\sum_{\gamma}\Gamma^{\gamma}_{\delta\beta}g_{\gamma\alpha}$$

この両辺に $g^{\alpha\varepsilon}$ を掛けて，α について和を作れば，次のようになる．

$$\begin{aligned}\frac{1}{2}\sum_{\alpha}g^{\alpha\varepsilon}\left(\frac{\partial g_{\alpha\delta}}{\partial u^{\beta}}+\frac{\partial g_{\beta\alpha}}{\partial u^{\delta}}-\frac{\partial g_{\delta\beta}}{\partial u^{\alpha}}\right)&=\sum_{\gamma}\Gamma^{\gamma}_{\delta\beta}\left(\sum_{\alpha}g_{\gamma\alpha}g^{\alpha\varepsilon}\right)\\&=\sum_{\gamma}\Gamma^{\gamma}_{\delta\beta}\delta^{\varepsilon}_{\gamma}=\Gamma^{\varepsilon}_{\delta\beta}\end{aligned}$$

ここで，$\sum_{\alpha} g_{\gamma\alpha}g^{\alpha\varepsilon}=\delta^{\varepsilon}_{\gamma}$ を利用した．この式で指標の書き換え，(c)を利用をすれば，(1.1)が得られる．　◇

注意　上の証明で $\left\{\begin{matrix}\alpha\\ \beta\gamma\end{matrix}\right\}$ を求めた計算方法は，一般に n 次元の場合にもそのまま成立する．

上の証明内の(e)に $\Gamma^{\gamma}_{\alpha\beta}=\left\{\begin{matrix}\gamma\\ \alpha\beta\end{matrix}\right\}$ を代入すれば，次の左側の恒等式が成り立つ．なお，下の右側の式は(b)の第 1 式にほかならない．

$$\frac{\partial g_{\alpha\beta}}{\partial u^{\gamma}}=\sum_{\delta}\left\{\begin{matrix}\delta\\ \alpha\gamma\end{matrix}\right\}g_{\delta\beta}+\sum_{\delta}\left\{\begin{matrix}\delta\\ \beta\gamma\end{matrix}\right\}g_{\alpha\delta},\qquad \left\{\begin{matrix}\gamma\\ \alpha\beta\end{matrix}\right\}=\left\{\begin{matrix}\gamma\\ \beta\alpha\end{matrix}\right\} \qquad (1.3)$$

この恒等式は以後の推論で利用されることがある．

ワインガルテン(Weingarten)**の方程式**　単位法ベクトル $\boldsymbol{N}$ の変化状況を表す次の方程式が成り立つ．

$$\frac{\partial \boldsymbol{N}}{\partial u^{\beta}}=-\sum_{\alpha}h_{\beta}{}^{\alpha}\boldsymbol{x}_{\alpha} \qquad (1.4)$$

ここで，

$$h_{\beta}{}^{\alpha}=\sum_{\gamma}h_{\beta\gamma}g^{\gamma\alpha} \tag{1.5}$$

［**証明**］　$\boldsymbol{N}\cdot\boldsymbol{N}=1$ であるから，$\dfrac{\partial\boldsymbol{N}}{\partial u^{\beta}}\cdot\boldsymbol{N}=0$ である．ゆえに，

$$\frac{\partial\boldsymbol{N}}{\partial u^{\beta}}=\sum_{\alpha}\Gamma_{\beta}{}^{\alpha}\boldsymbol{x}_{\alpha}$$

とおくことができる．この両辺と $\boldsymbol{x}_{\gamma}$ の内積を作り，第3章(4.4)(p.55)を利用すれば，次の式を得る．

$$-h_{\beta\gamma}=\frac{\partial\boldsymbol{N}}{\partial u^{\beta}}\cdot\boldsymbol{x}_{\gamma}=\sum_{\alpha}\Gamma_{\beta}{}^{\alpha}\boldsymbol{x}_{\alpha}\cdot\boldsymbol{x}_{\gamma}\qquad\therefore\quad -h_{\beta\gamma}=\sum_{\alpha}\Gamma_{\beta}{}^{\alpha}g_{\alpha\gamma}$$

この両辺に $g^{\gamma\delta}$ を掛けて，γ について和を作れば，次のようになる．

$$-h_{\beta}{}^{\delta}=-\sum_{\gamma}h_{\beta\gamma}g^{\gamma\delta}=\sum_{\alpha}\Gamma_{\beta}{}^{\alpha}\Big(\sum_{\gamma}g_{\alpha\gamma}g^{\gamma\delta}\Big)=\sum_{\alpha}\Gamma_{\beta}{}^{\alpha}\delta_{\alpha}^{\delta}=\Gamma_{\beta}{}^{\delta}$$

$$\therefore\quad \Gamma_{\beta}{}^{\alpha}=-h_{\beta}{}^{\alpha}$$

これを最初の式に代入すれば，(1.4)となる．　◇

例題 4.2　完備な単一曲面 S のすべての点で

$$\frac{L}{E}=\frac{M}{F}=\frac{N}{G}=\frac{1}{a}\quad すなわち\quad h_{\alpha\beta}=\frac{1}{a}g_{\alpha\beta}$$

が成り立ち，a が定数ならば，S は球面である．このことを証明せよ．(曲面の完備性については，第3章，定理3.17(p.79)を参照)．

(**解答**)　$h_{\alpha\beta}=\dfrac{1}{a}g_{\alpha\beta}$ であるから，次の計算ができる．

$$h_{\beta}{}^{\alpha}=\sum_{\gamma}h_{\beta\gamma}g^{\gamma\alpha}=\frac{1}{a}\sum_{\gamma}g_{\beta\gamma}g^{\gamma\alpha}=\frac{1}{a}\delta_{\beta}^{\alpha}$$

これをワインガルテンの方程式(1.4)に代入すれば，

$$\frac{\partial\boldsymbol{N}}{\partial u^{\beta}}=-\frac{1}{a}\sum\delta_{\beta}^{\alpha}\boldsymbol{x}_{\alpha}=-\frac{1}{a}\boldsymbol{x}_{\beta}$$

$$\therefore\quad \frac{\partial}{\partial u^{\beta}}(\boldsymbol{x}+a\boldsymbol{N})=\boldsymbol{0}\qquad\therefore\quad \boldsymbol{x}+a\boldsymbol{N}=\boldsymbol{c}\quad(\boldsymbol{c}\text{ は定ベクトル})$$

よって，

$$\|\boldsymbol{x}-\boldsymbol{c}\|=|a|$$

したがって，この曲面 S は点 $\boldsymbol{c}$ を中心とし，半径 $|a|$ の球面 T に含まれてい

る．ところが，球面Tは連結であり，Sは完備であるから，第 3 章，定理3.17(p. 79)によって，$S=T$ である．　◇

例題 4.3　座標近傍において座標曲線が直交していれば，すなわち $F=0$ であれば，$\left\{\begin{matrix}\gamma\\ \alpha\beta\end{matrix}\right\}$を$E$，$G$を用いて書き直すと，次のようになることを確かめよ．

$$\left\{\begin{matrix}1\\ 1\,1\end{matrix}\right\}=\frac{E_u}{2E},\qquad \left\{\begin{matrix}1\\ 1\,2\end{matrix}\right\}=\left\{\begin{matrix}1\\ 2\,1\end{matrix}\right\}=\frac{E_v}{2E},\qquad \left\{\begin{matrix}1\\ 2\,2\end{matrix}\right\}=-\frac{G_u}{2E}$$
$$\left\{\begin{matrix}2\\ 2\,2\end{matrix}\right\}=\frac{G_v}{2G},\qquad \left\{\begin{matrix}2\\ 1\,2\end{matrix}\right\}=\left\{\begin{matrix}2\\ 2\,1\end{matrix}\right\}=\frac{G_u}{2G},\qquad \left\{\begin{matrix}2\\ 1\,1\end{matrix}\right\}=-\frac{E_v}{2G}\tag{1.6}$$

(解答)

$$\begin{aligned}\left\{\begin{matrix}1\\ 1\,1\end{matrix}\right\}&=\frac{1}{2}\sum_{\gamma}g^{1\gamma}\left(\frac{\partial g_{\gamma 1}}{\partial u^1}+\frac{\partial g_{\gamma 1}}{\partial u^1}-\frac{\partial g_{11}}{\partial u^\gamma}\right)\\ &=\frac{1}{2}g^{11}\left(\frac{\partial g_{11}}{\partial u^1}+\frac{\partial g_{11}}{\partial u^1}-\frac{\partial g_{11}}{\partial u^1}\right)\\ &=\frac{1}{2g}g_{22}\frac{\partial g_{11}}{\partial u^1}=\frac{1}{2EG}G\frac{\partial E}{\partial u}=\frac{E_u}{2E}\end{aligned}$$

さらに，(1.6)のその他の式も同様に導かれる．　◇

§ 4.2　曲面の構造方程式

ガウスの方程式(1.1)(p.83)は

$$\frac{\partial \boldsymbol{x}_\alpha}{\partial u^\beta}=\sum_{\delta}\left\{\begin{matrix}\delta\\ \alpha\beta\end{matrix}\right\}\boldsymbol{x}_\delta+h_{\alpha\beta}\boldsymbol{N}$$

である．この両辺を u^γ で微分すれば，

$$\frac{\partial^2 \boldsymbol{x}_\alpha}{\partial u^\gamma\partial u^\beta}=\sum_{\delta}\frac{\partial}{\partial u^\gamma}\left\{\begin{matrix}\delta\\ \alpha\beta\end{matrix}\right\}\boldsymbol{x}_\delta+\sum_{\delta}\left\{\begin{matrix}\delta\\ \alpha\beta\end{matrix}\right\}\frac{\partial \boldsymbol{x}_\delta}{\partial u^\gamma}+\frac{\partial h_{\alpha\beta}}{\partial u^\gamma}\boldsymbol{N}+h_{\alpha\beta}\frac{\partial \boldsymbol{N}}{\partial u^\gamma}$$

となる．この右辺にガウスの方程式(1.1)とワインガルテンの方程式(1.4)(p.85)を代入すれば，次のようになる．

$$\begin{aligned}\frac{\partial^2 \boldsymbol{x}_\alpha}{\partial u^\gamma\partial u^\beta}=\sum_{\delta}\left[\frac{\partial}{\partial u^\gamma}\left\{\begin{matrix}\delta\\ \alpha\beta\end{matrix}\right\}+\sum_{\sigma}\left\{\begin{matrix}\sigma\\ \alpha\beta\end{matrix}\right\}\left\{\begin{matrix}\delta\\ \sigma\gamma\end{matrix}\right\}-h_{\alpha\beta}h_\gamma{}^\delta\right]\boldsymbol{x}_\delta\\ +\left[\frac{\partial h_{\alpha\beta}}{\partial u^\gamma}+\sum_{\sigma}\left\{\begin{matrix}\sigma\\ \alpha\beta\end{matrix}\right\}h_{\gamma\sigma}\right]\boldsymbol{N}\end{aligned}$$

この式をよく知られた恒等式

$$\frac{\partial^2 \boldsymbol{x}_\alpha}{\partial u^\gamma \partial u^\beta}=\frac{\partial^2 \boldsymbol{x}_\alpha}{\partial u^\beta \partial u^\gamma}$$

に代入すれば，次の式が得られる．

$$\sum_\delta \left[R^\delta{}_{\alpha\beta\gamma}-(h_{\alpha\beta}h_\gamma{}^\delta-h_{\alpha\gamma}h_\beta{}^\delta)\right]\boldsymbol{x}_\delta$$
$$+\left[\frac{\partial h_{\alpha\beta}}{\partial u^\gamma}-\frac{\partial h_{\alpha\gamma}}{\partial u^\beta}+\sum_\sigma \left\{ {\sigma \atop \alpha\beta} \right\} h_{\gamma\sigma}-\sum_\sigma \left\{ {\sigma \atop \alpha\gamma} \right\} h_{\beta\sigma}\right]\boldsymbol{N}=\boldsymbol{0}$$

ここで，

$$R^\delta{}_{\alpha\beta\gamma}=\frac{\partial}{\partial u^\gamma}\left\{ {\delta \atop \alpha\beta} \right\}-\frac{\partial}{\partial u^\beta}\left\{ {\delta \atop \alpha\gamma} \right\}+\sum_\sigma \left\{ {\sigma \atop \alpha\beta} \right\}\left\{ {\delta \atop \sigma\gamma} \right\}-\sum_\sigma \left\{ {\sigma \atop \alpha\gamma} \right\}\left\{ {\delta \atop \sigma\beta} \right\} \quad (2.1)$$

とおいた．さて，$\boldsymbol{x}_1$，$\boldsymbol{x}_2$，$\boldsymbol{N}$ は1次独立であるから，上の式から次の公式が得られる．

$$R^\delta{}_{\alpha\beta\gamma}=h_{\alpha\beta}h_\gamma{}^\delta-h_{\alpha\gamma}h_\beta{}^\delta \quad (2.2)$$

$$\frac{\partial h_{\alpha\beta}}{\partial u^\gamma}-\frac{\partial h_{\alpha\gamma}}{\partial u^\beta}+\sum_\sigma \left\{ {\sigma \atop \alpha\beta} \right\} h_{\sigma\gamma}-\sum_\sigma \left\{ {\sigma \atop \alpha\gamma} \right\} h_{\sigma\beta}=0 \quad (2.3)$$

(2.2)を**ガウスの構造方程式**，(2.3)を**マイナルディ・コダッチ**(Mainardi-Codazzi)**の構造方程式**という．この(2.2)と(2.3)は，$g_{\alpha\beta}$ と $h_{\alpha\beta}$ がそれぞれ1つの曲面の第1基本量，第2基本量であるための必要条件である．なお，後で述べる定理4.3(p.92)によれば，(2.2)と(2.3)は $g_{\alpha\beta}$ と $h_{\alpha\beta}$ がそれぞれ1つの曲面の第1基本量，第2基本量であるための十分条件でもある．

例題 4.4　単一曲面 S が完備であり，S のすべての点が臍点ならば，S は1つの球面である．

(解答)　曲面 S のすべての点が臍点であるから，S 上で

$$\frac{L}{E}=\frac{M}{F}=\frac{N}{G}=k, \qquad k=k(u^1,\ u^2)$$

が成り立つ．この条件を書き直せば，次のようになる．

$$h_{\alpha\beta}=kg_{\alpha\beta} \quad (\mathrm{a})$$

これを上の構造方程式(2.3)に代入すれば，

$$\frac{\partial k}{\partial u^\gamma}g_{\alpha\beta}-\frac{\partial k}{\partial u^\beta}g_{\alpha\gamma}+k\left[\frac{\partial g_{\alpha\beta}}{\partial u^\gamma}-\frac{\partial g_{\alpha\gamma}}{\partial u^\beta}+\sum_\sigma \left\{ {\sigma \atop \alpha\beta} \right\} g_{\sigma\gamma}-\sum_\sigma \left\{ {\sigma \atop \alpha\gamma} \right\} g_{\sigma\beta}\right]=0$$

となる．さて，上の式の［　］内に恒等式(1.3)(p.85)の第 1 式を代入すれば，［　］=0 となる．したがって，

$$\frac{\partial k}{\partial u^\gamma}g_{\alpha\beta}-\frac{\partial k}{\partial u^\beta}g_{\alpha\gamma}=0$$

ここで，$\alpha=1$，$\beta=2$，$\gamma=1$ とし，また $\alpha=2$，$\beta=2$，$\gamma=1$ とすれば，それぞれ次の式となる．

$$\frac{\partial k}{\partial u^1}g_{12}-\frac{\partial k}{\partial u^2}g_{11}=0, \qquad \frac{\partial k}{\partial u^1}g_{22}-\frac{\partial k}{\partial u^2}g_{21}=0$$

しかし，$g_{11}\,g_{22}-g_{12}{}^2=EG-F^2>0$ であるから，上の連立方程式を解いて

$$\frac{\partial k}{\partial u^1}=0, \qquad \frac{\partial k}{\partial u^2}=0$$

を得る．したがって，k は定数である(曲面 S は連結であるとしてよい)．ゆえに，例題4.2(p.86)によって，曲面 S は 1 つの球面である．　◇

曲　率　(2.1)で定義した $R^\delta{}_{\alpha\beta\gamma}$ を用いて

$$R_{\alpha\beta\gamma\delta}=\sum_\varepsilon g_{\alpha\varepsilon}R^\varepsilon{}_{\beta\gamma\delta} \tag{2.4}$$

とおくと，$h_{\beta\gamma}=\sum_\varepsilon h_\beta{}^\varepsilon g_{\varepsilon\gamma}$ を利用すれば，(2.2)から

$$R_{\alpha\beta\gamma\delta}=h_{\alpha\delta}h_{\beta\gamma}-h_{\alpha\gamma}h_{\beta\delta} \tag{2.5}$$

が導かれ，これは(2.2)と同値である．この(2.5)の右辺をみればわかるように，次の恒等式が成り立つ．

$$R_{\beta\alpha\gamma\delta}=-R_{\alpha\beta\gamma\delta}, \qquad R_{\alpha\beta\delta\gamma}=-R_{\alpha\beta\gamma\delta} \tag{2.6}$$

この(2.6)の第 1 式で $\alpha=\beta$ とおけば，$R_{\alpha\alpha\gamma\delta}=0$ が得られる．すなわち，

$$R_{11\gamma\delta}=0, \qquad R_{22\gamma\delta}=0$$

同様にして次の式も成り立つ．

$$R_{\alpha\beta11}=0, \qquad R_{\alpha\beta22}=0$$

さらに，(2.6)を利用すれば，

$$R_{1212}=-R_{2112}=-R_{1221}=R_{2121}$$

が成り立ち，R_{1212}，R_{2112}，R_{1221}，R_{2121} 以外の $R_{\alpha\beta\gamma\delta}$ は 0 である．したがって，ガウスの構造方程式(2.2)は本質的にただ 1 つの等式

$$R_{1212}=h_{12}h_{21}-h_{11}h_{22} \tag{2.7}$$

と同値である．この(2.7)によって次の**ガウスの基本定理**が成り立つ．また，この定理は Theorema egregium（最もすばらしい定理）と名付けられている．なお，§4.3(p.92)を参照されたい．

定理 4.1　曲面のガウス曲率Kについて次の式が成り立つ．

$$K=-\frac{R_{1212}}{g}, \qquad g=\det(g_{\alpha\beta}) \tag{2.8}$$

つまり，Kは第1基本量 $g_{\alpha\beta}$ をその偏導関数 $\partial g_{\alpha\beta}/\partial u^{\gamma}$，$\partial^2 g_{\alpha\beta}/\partial u^{\gamma}\partial u^{\delta}$ の有理式として書き表される．　◇

［**証明**］　(2.7)を表き直せば，

$$R_{1212}=-(LN-M^2) \tag{a}$$

となる．また，$g=EG-F^2$ であるから，第3章，(5.18)(p.66)によれば，

$$K=\frac{LN-M^2}{EG-F^2}=\frac{LN-M^2}{g} \tag{b}$$

である．ゆえに，(a)と(b)から次の式が成り立つ．

$$K=-\frac{R_{1212}}{g} \qquad ◇$$

例題 4.5　座標近傍において座標曲線が直交していれば，すなわち $F=0$ であれば，ガウス曲率Kは次の式で与えられることを証明せよ．

$$K=-\frac{1}{\sqrt{EG}}\left[\frac{\partial}{\partial u}\left(\frac{1}{\sqrt{E}}\frac{\partial\sqrt{G}}{\partial u}\right)+\frac{\partial}{\partial v}\left(\frac{1}{\sqrt{G}}\frac{\partial\sqrt{E}}{\partial v}\right)\right] \tag{2.9}$$

（**解答**）　例題4.3の(1.6)(p.87)と上の定理4.1を利用する．$K=-R_{1212}/g$ と $g=EG$ を利用すれば，次の計算ができる．

$$\begin{aligned}R^2{}_{121}&=\sum_{\alpha}g^{2\alpha}R_{\alpha 121}=g^{22}R_{2121}\\&=g^{22}R_{1212}=-g^{22}gK=-\left(\frac{1}{g}g_{11}\right)gK=-g_{11}K=-EK\end{aligned} \tag{a}$$

ところが，定義(2.1)によって

$$R^2{}_{121}=\frac{\partial}{\partial u}\left\{\begin{matrix}2\\12\end{matrix}\right\}-\frac{\partial}{\partial v}\left\{\begin{matrix}2\\11\end{matrix}\right\}+\left\{\begin{matrix}1\\12\end{matrix}\right\}\left\{\begin{matrix}2\\11\end{matrix}\right\}+\left\{\begin{matrix}2\\12\end{matrix}\right\}\left\{\begin{matrix}2\\21\end{matrix}\right\}$$
$$-\left\{\begin{matrix}1\\11\end{matrix}\right\}\left\{\begin{matrix}2\\12\end{matrix}\right\}-\left\{\begin{matrix}2\\11\end{matrix}\right\}\left\{\begin{matrix}2\\22\end{matrix}\right\} \qquad \text{(b)}$$

である．(a)と(b)から

$$EK=\frac{\partial}{\partial v}\left\{\begin{matrix}2\\11\end{matrix}\right\}-\frac{\partial}{\partial u}\left\{\begin{matrix}2\\12\end{matrix}\right\}+\left\{\begin{matrix}1\\11\end{matrix}\right\}\left\{\begin{matrix}2\\12\end{matrix}\right\}+\left\{\begin{matrix}2\\11\end{matrix}\right\}\left\{\begin{matrix}2\\22\end{matrix}\right\}$$
$$-\left\{\begin{matrix}1\\12\end{matrix}\right\}\left\{\begin{matrix}2\\11\end{matrix}\right\}-\left\{\begin{matrix}2\\12\end{matrix}\right\}\left\{\begin{matrix}2\\21\end{matrix}\right\}$$

$$\therefore\quad EK=\frac{\partial}{\partial v}\left\{\begin{matrix}2\\11\end{matrix}\right\}+\left\{\begin{matrix}2\\11\end{matrix}\right\}\left[\left\{\begin{matrix}2\\22\end{matrix}\right\}-\left\{\begin{matrix}1\\12\end{matrix}\right\}\right]$$
$$-\frac{\partial}{\partial u}\left\{\begin{matrix}2\\12\end{matrix}\right\}-\left\{\begin{matrix}2\\12\end{matrix}\right\}\left[\left\{\begin{matrix}2\\21\end{matrix}\right\}-\left\{\begin{matrix}1\\11\end{matrix}\right\}\right] \qquad \text{(c)}$$

さて，(1.6)(p.87)によって

$$\left\{\begin{matrix}2\\22\end{matrix}\right\}-\left\{\begin{matrix}1\\12\end{matrix}\right\}=\frac{G_v}{2G}-\frac{E_v}{2E}=\frac{\partial}{\partial v}\log\sqrt{\frac{G}{E}}$$

$$\left\{\begin{matrix}2\\21\end{matrix}\right\}-\left\{\begin{matrix}1\\11\end{matrix}\right\}=\frac{G_u}{2G}-\frac{E_u}{2E}=\frac{\partial}{\partial u}\log\sqrt{\frac{G}{E}}$$

が成り立つ．これらを上の(c)に代入すれば，

$$EK=\left[\frac{\partial}{\partial v}\left\{\begin{matrix}2\\11\end{matrix}\right\}+\left\{\begin{matrix}2\\11\end{matrix}\right\}\frac{\partial}{\partial v}\log\sqrt{\frac{G}{E}}\right]$$
$$-\left[\frac{\partial}{\partial u}\left\{\begin{matrix}2\\12\end{matrix}\right\}+\left\{\begin{matrix}2\\12\end{matrix}\right\}\frac{\partial}{\partial u}\log\sqrt{\frac{G}{E}}\right]$$

となる．したがって，

$$K=\frac{1}{\sqrt{EG}}\left[\frac{\partial}{\partial v}\left(\sqrt{\frac{G}{E}}\left\{\begin{matrix}2\\11\end{matrix}\right\}\right)-\frac{\partial}{\partial u}\left(\sqrt{\frac{G}{E}}\left\{\begin{matrix}2\\12\end{matrix}\right\}\right)\right]$$

これに(1.6)(p.87)にある等式

$$\left\{\begin{matrix}2\\11\end{matrix}\right\}=-\frac{1}{2G}\frac{\partial E}{\partial v},\qquad \left\{\begin{matrix}2\\12\end{matrix}\right\}=\frac{1}{2G}\frac{\partial G}{\partial u}$$

を代入すれば，次の式が成り立つ．

$$K=-\frac{1}{\sqrt{EG}}\left[\frac{\partial}{\partial u}\left(\frac{1}{\sqrt{E}}\frac{\partial\sqrt{G}}{\partial u}\right)+\frac{\partial}{\partial v}\left(\frac{1}{\sqrt{G}}\frac{\partial\sqrt{E}}{\partial v}\right)\right] \qquad \diamond$$

§4.3　基本定理

U を u^1u^2 平面の開板とする．2つの局所曲面 (U, ψ, S)，(U, ψ^*, S^*) $(S, S^* \subset E^3)$ があり，その第1基本量をそれぞれ $g_{\alpha\beta}$, $g^*_{\alpha\beta}$；その第2基本量をそれぞれ $h_{\alpha\beta}$, $h^*_{\alpha\beta}$ とする．もしも (u^1, u^2) の関数として $g_{\alpha\beta}=g^*_{\alpha\beta}$, $h_{\alpha\beta}=h^*_{\alpha\beta}$ が成り立つならば，2つの局所曲面 S，S^* は同一の第1，第2基本量をもつという．次の定理が成り立つが，その証明を省略する．なお，この定理の証明については，付録§2(p.129)を参照されたい．

定理 4.2　2つの局所曲面 S と S^* が同一の第1，第2基本量をもてば，S と S^* は合同である．　◇

偏微分方程式系の解の存在についての定理を用いて，次の定理4.3を証明することができるが，その証明はやや複雑であるので，これを省略する．この定理を**ボンネ**(Bonnet)**の定理**という．

定理 4.3　U を u^1u^2 平面の開板とする．U で定義された C^∞ 関数 $g_{\alpha\beta}$, $h_{\alpha\beta}$ が与えられ，$g_{\alpha\beta}=g_{\beta\alpha}$, $h_{\alpha\beta}=h_{\beta\alpha}$ を満たし，$g_{11}>0$, $g_{22}>0$, $g_{11}g_{22}-g_{12}g_{21}>0$ であるとする．さらに，$g_{\alpha\beta}$ と $h_{\alpha\beta}$ はガウスの構造方程式(2.2)(p.88)とマイナルディ・コダッチの構造方程式(2.3)(p.88)を満足しているとする．U 内に定点 $(u_0{}^1, u_0{}^2)$ を，E^3 中に任意に点 $\mathrm{P}_0(\xi_1, \xi_2, \xi_3)$ をとって，1次独立なベクトル $(\boldsymbol{x}_1)_0$, $(\boldsymbol{x}_2)_0$, $\boldsymbol{N}_0$ を $(\boldsymbol{x}_1)_0\cdot\boldsymbol{N}_0=(\boldsymbol{x}_2)_0\cdot\boldsymbol{N}_0=0$, $(\boldsymbol{x}_\alpha)_0\cdot(\boldsymbol{x}_\beta)_0=g_{\alpha\beta}(u_0{}^1, u_0{}^2)$ となるようにとる．このとき，$g_{\alpha\beta}$ を第1基本量，$h_{\alpha\beta}$ を第2基本量とする，局所曲面 (U, ψ, S) がただ1つ存在して，そのパラメーター表現を $\boldsymbol{x}=\boldsymbol{x}(u^1, u^2)$ とすると，$\boldsymbol{x}(u_0{}^1, u_0{}^2)=(\xi_1, \xi_2, \xi_3)$, $\boldsymbol{x}_1(u_0{}^1, u_0{}^2)=(\boldsymbol{x}_1)_0$, $\boldsymbol{x}_2(u_0{}^1, u_0{}^2)=(\boldsymbol{x}_2)_0$, $\boldsymbol{N}(u_0{}^1, u_0{}^2)=\boldsymbol{N}_0$ となる．ここで，$\boldsymbol{x}_1=\partial\boldsymbol{x}/\partial u^1$, $\boldsymbol{x}_2=\partial\boldsymbol{x}/\partial u^2$, $\boldsymbol{N}=\boldsymbol{x}_1\times\boldsymbol{x}_2/\|\boldsymbol{x}_1\times\boldsymbol{x}_2\|$ である．ただし，U は点 P_0 を含む十分に小さい開板とする．　◇

定理4.3は簡単にいえば，ガウス，マイナルディ・コダッチの構造方程式が曲面の存在についての必要十分条件であることを述べている．また，定理4.2は，定理4.3で存在が保証された曲面は運動を除いて一意に定まることを示している．この2つの定理4.2，定理4.3は曲面論の基本定理であると考えられている．

§4.4　測地的曲率

曲面上の曲線の曲率　単一曲面Sの座標近傍Oにおける局所表現を $\boldsymbol{x}=\boldsymbol{x}(u^1,\ u^2)$とする．曲面$S$上の曲線$c$が$O$においてパラメーター表示 $u^\alpha=u^\alpha(s)$（sは弧長）で表されるとする．このとき，曲線cの空間におけるパラメーター表示は $\boldsymbol{x}=\boldsymbol{x}(u^1(s),\ u^2(s))$である．さて，$\boldsymbol{x}^*(s)=\boldsymbol{x}(u^1(s),\ u^2(s))$とすれば，$c$の単位接ベクトルを$\boldsymbol{t}$，単位法ベクトルを$\boldsymbol{n}$，曲率を$k$とすると

$$\begin{aligned} \boldsymbol{t}&=\frac{d\boldsymbol{x}^*}{ds}=\sum_\gamma \boldsymbol{x}_\gamma\frac{du^\gamma}{ds} \\ k\boldsymbol{n}&=\frac{d^2\boldsymbol{x}^*}{ds^2}=\sum_\gamma \boldsymbol{x}_\gamma\frac{d^2u^\gamma}{ds^2}+\sum_{\alpha,\beta}\frac{\partial \boldsymbol{x}_\alpha}{\partial u^\beta}\frac{du^\beta}{ds}\frac{du^\alpha}{ds} \end{aligned} \tag{4.1}$$

となる．これにガウスの方程式(1.1)(p.83)を代入すれば，

$$\boldsymbol{k}=k\boldsymbol{n}=\sum_\gamma\left(\frac{d^2u^\gamma}{ds^2}+\sum_{\alpha,\beta}\left\{\begin{matrix}\gamma\\ \alpha\beta\end{matrix}\right\}\frac{du^\alpha}{ds}\frac{du^\beta}{ds}\right)\boldsymbol{x}_\gamma+\left(\sum_{\alpha,\beta}h_{\alpha\beta}\frac{du^\alpha}{ds}\frac{du^\beta}{ds}\right)\boldsymbol{N}$$

となる．ここで，$\boldsymbol{k}$は曲線cの曲率ベクトルである．いま，

$$\frac{\delta^2u^\gamma}{ds^2}=\frac{d^2u^\gamma}{ds^2}+\sum_{\alpha,\beta}\left\{\begin{matrix}\gamma\\ \alpha\beta\end{matrix}\right\}\frac{du^\alpha}{ds}\frac{du^\beta}{ds} \tag{4.2}$$

とおけば，上の式は次のようになる．

$$\boldsymbol{k}=k\boldsymbol{n}=\frac{d\boldsymbol{t}}{ds}=\frac{d^2\boldsymbol{x}^*}{ds^2}=\sum_\gamma\frac{\delta^2u^\gamma}{ds^2}\boldsymbol{x}_\gamma+\left(\sum_{\alpha,\beta}h_{\alpha\beta}\frac{du^\alpha}{ds}\frac{du^\beta}{ds}\right)\boldsymbol{N} \tag{4.3}$$

測地的曲率　曲面上の曲線cの各点で曲率ベクトル$\boldsymbol{k}$の法線，接平面上への正射影をそれぞれ$\boldsymbol{k}_n$，$\boldsymbol{k}_g$とすれば，$\boldsymbol{k}=\boldsymbol{k}_n+\boldsymbol{k}_g$ である．さて，$\boldsymbol{k}_n$は曲線cの接線方向の法曲率ベクトルである．他方の$\boldsymbol{k}_g$は曲線cの**測地的曲率ベクトル**とよばれる．また，$\boldsymbol{k}_g$は$\boldsymbol{N}$と$\boldsymbol{t}$に垂直であるから，曲線c上の各点で $\boldsymbol{u}=\boldsymbol{N}\times\boldsymbol{t}$ とおけば，

$$\boldsymbol{k}_g=k_g\boldsymbol{u}$$

と表せる．このk_gを曲線cの**測地的曲率**という．さて，$\boldsymbol{k}_g=\boldsymbol{t}'-(\boldsymbol{t}'\cdot\boldsymbol{N})\boldsymbol{N}$ で

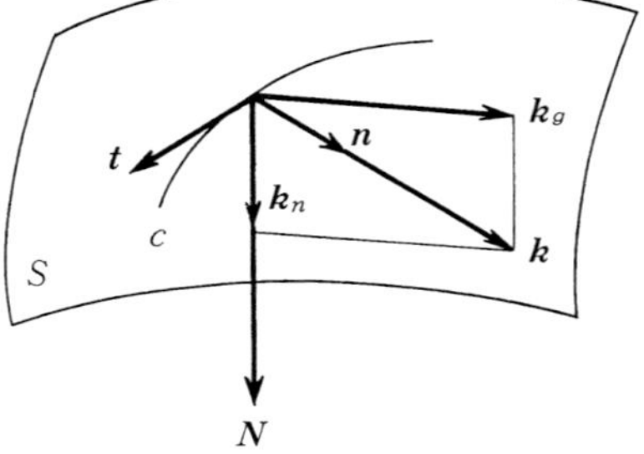

あるから，

$$k_g=\boldsymbol{k}_g\cdot\boldsymbol{u}=\{\,\boldsymbol{t}'-(\boldsymbol{t}'\cdot\boldsymbol{N})\boldsymbol{N}\,\}\cdot(\boldsymbol{N}\times\boldsymbol{t})$$
$$=\boldsymbol{t}'\cdot(\boldsymbol{N}\times\boldsymbol{t})=|\,\boldsymbol{t}'\quad\boldsymbol{N}\quad\boldsymbol{t}\,|=|\,\boldsymbol{t}\quad\boldsymbol{t}'\quad\boldsymbol{N}\,|=\boldsymbol{t}\cdot(\boldsymbol{t}'\times\boldsymbol{N})$$

これに(4.1)と(4.3)を代入すれば，

$$k_g=\left(\sum_\alpha\frac{du^\alpha}{ds}\boldsymbol{x}_\alpha\right)\cdot\left[\left\{\sum_\beta\frac{\delta^2u^\beta}{ds^2}\boldsymbol{x}^\beta+\left(\sum_{\alpha,\beta}h_{\alpha\beta}\frac{du^\alpha}{ds}\frac{du^\beta}{ds}\right)\boldsymbol{N}\right\}\times\boldsymbol{N}\right]$$
$$=\sum_{\alpha,\beta}\frac{du^\alpha}{ds}\frac{\delta^2u^\beta}{ds^2}\boldsymbol{x}_\alpha\cdot(\boldsymbol{x}_\beta\times\boldsymbol{N})=\sum_{\alpha,\beta}\frac{du^\alpha}{ds}\frac{\delta^2u^\beta}{ds}(\boldsymbol{x}_\alpha\times\boldsymbol{x}_\beta)\cdot\boldsymbol{N}$$
$$=\begin{vmatrix}\dfrac{du^1}{ds} & \dfrac{\delta^2u^1}{ds^2}\\[2mm] \dfrac{du^2}{ds} & \dfrac{\delta^2u^2}{ds^2}\end{vmatrix}\|\boldsymbol{x}_1\times\boldsymbol{x}_2\|\qquad\left(\because\quad\boldsymbol{N}=\frac{\boldsymbol{x}_1\times\boldsymbol{x}_2}{\|\boldsymbol{x}_1\times\boldsymbol{x}_2\|}\right)$$

さて，$\sqrt{g}=\|\boldsymbol{x}_1\times\boldsymbol{x}_2\|$ であるから，曲面上の曲線の測地的曲率は

$$k_g=\sqrt{g}\begin{vmatrix}\dfrac{du^1}{ds} & \dfrac{\delta^2u^1}{ds^2}\\[2mm] \dfrac{du^2}{ds} & \dfrac{\delta^2u^2}{ds^2}\end{vmatrix}\tag{4.4}$$

である．ただし，δ^2u^α/ds^2 は(4.2)で定義される．

測地線　曲面 S 上の曲線 c の測地的曲率 k_g が至る所で 0 ならば，c を曲面 S の**測地線**という．さらに，$k_g=0$ と $\boldsymbol{k}/\!/\boldsymbol{N}$ とは同値であるから，(4.3)によって，次のことが成り立つ．

曲線 c が曲面 S の測地線であるための必要十分条件は

$$\boldsymbol{k}=\left(\sum_{\alpha,\beta}h_{\alpha\beta}\frac{du^{\alpha}}{ds}\frac{du^{\beta}}{ds}\right)\boldsymbol{N} \tag{4.5}$$

である．また，この必要十分条件は，関数 $u^1=u^1(s)$，$u^2=u^2(s)$が微分方程式

$$\frac{d^2u^{\alpha}}{ds^2}+\sum_{\beta,\gamma}\left\{\begin{matrix}\alpha\\ \beta\gamma\end{matrix}\right\}\frac{du^{\beta}}{ds}\frac{du^{\gamma}}{ds}=0 \tag{4.6}$$

の解であることである．この(4.6)を**測地線の微分方程式**という．まとめて，次の定理が成り立つ．

定理 4.4　曲面上で曲線が測地線であるための必要十分条件は，曲線上の各点でその曲率ベクトル $\boldsymbol{k}=k\boldsymbol{n}$ が曲面に垂直であることである．　◇

さて，測地線の微分方程式(4.6)は 2 階微分方程式であるから，微分方程式の理論によって次のことが成り立つ．

曲面 S 上に 1 点 $\mathrm{P}_0(u_0{}^1,\ u_0{}^2)$ と点 P_0 における曲面 S の単位接ベクトル $\boldsymbol{a}=a^1(\boldsymbol{x}_1)_0+a^2(\boldsymbol{x}_2)_0$ が任意に与えられたとすると，微分方程式(4.6)の解　$u^{\alpha}=u^{\alpha}(s)$で初期条件

$$u^{\alpha}(0)=u_0{}^{\alpha},\qquad \left(\frac{du^{\alpha}}{ds}\right)_{s=0}=a_0{}^{\alpha}$$

を満たすものがただ 1 つ存在する．したがって，$s=0$ のとき点 P_0 を通り，点 P_0 における単位接ベクトル $\boldsymbol{a}$ に接する測地線はただ 1 つ存在する．また，曲面の十分小さい座標近傍 O 内だけを考えれば，2 点を結ぶ測地線はただ 1 つ存在し，しかもこの測地線は与えられた 2 点を結ぶ曲線のうちで最短線であることが知られている．(第 5 章，定理5.6(p.109)参照)．

測地線の例として次のものがある．平面上で直線は測地線であり，逆に測地線は直線かまたは線分である．球面上で大円は測地線であり，逆に測地線は大円かまたは大円弧である．

後で述べる定理4.5(p.98)を証明するための準備をする．この定理4.5は第 5 章で利用される．曲面 S の座標近傍 O 内で座標曲線は直交している，すなわち $F=0$ であるとする．O 内の各点で

$$t_1=\frac{x_1}{\sqrt{E}}, \qquad t_2=\frac{x_2}{\sqrt{G}}$$

とおけば，$t_1=t_1(u^1,\ u^2)$，$t_2=t_2(u^1,\ u^2)$は各点$(u^1,\ u^2)$で座標曲線に接する単位ベクトルである．ただし，$t_2=N\times t_1$，$t_1=-N\times t_2$ であるとする．また，u^1曲線，u^2曲線の弧長をそれぞれs_1，s_2とする．さて，O内で曲線 c：$u^\alpha=u^\alpha(s)$（sはcの弧長)を考える．cの各点でcの接ベクトルとu^1曲線の接ベクトルが作る角を$\theta=\theta(s)$とする．図からわかるように，近似式

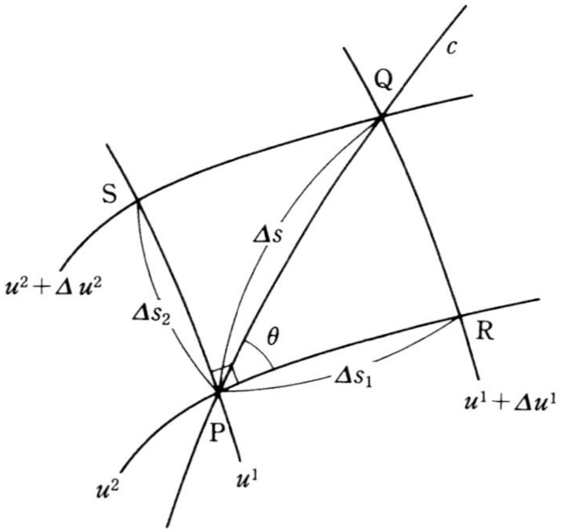

$$\Delta s_1 \fallingdotseq \sqrt{E}\,\Delta u^1, \qquad \Delta s_2 \fallingdotseq \sqrt{G}\,\Delta u^2$$

が成り立つ．点Pにおける微小接ベクトル $\overrightarrow{PQ}=\Delta u^1 x_1+\Delta u^2 x_2$，$\overrightarrow{PR}=\Delta u^1 x_1$，$\overrightarrow{PS}=\Delta u^2 x_2$ を考えれば，$\overrightarrow{PQ}$ と $\overrightarrow{PR}$ の作る角は θ である．ゆえに，$\overrightarrow{PQ}\cdot\overrightarrow{PR}=\Delta s\Delta s_1\cos\theta$，$\overrightarrow{PQ}\cdot\overrightarrow{PS}=\Delta s\Delta s_2\sin\theta$ である．したがって，上の近似式によって

$$\cos\theta \fallingdotseq E\frac{\Delta u^1\Delta u^1}{\Delta s_1\Delta s} \fallingdotseq \left(\frac{\Delta s_1}{\Delta u^1}\right)^2\frac{\Delta u^1\Delta u^1}{\Delta s_1\Delta s}=\frac{\Delta u^1}{\Delta s}\Big/\frac{\Delta u^1}{\Delta s_1}$$

$$\sin\theta \fallingdotseq G\frac{\Delta u^2\Delta u^2}{\Delta s_2\Delta s} \fallingdotseq \left(\frac{\Delta s_2}{\Delta u^2}\right)^2\frac{\Delta u^2\Delta u^2}{\Delta s_2\Delta s}=\frac{\Delta u^2}{\Delta s}\Big/\frac{\Delta u^2}{\Delta s_2}$$

ゆえに，曲線 c：$u^\alpha=u^\alpha(s)$に沿っての導関数 du^α/ds，u^1曲線に沿っての $u^1=u^1(s_1)$の導関数 du^1/ds_1，u^2曲線に沿っての $u^2=u^2(s_2)$の導関数 du^2/ds_2について，次の式が成り立つ．

$$\cos\theta=\frac{du^1}{ds}\Big/\frac{du^1}{ds_1},\qquad \sin\theta=\frac{du^2}{ds}\Big/\frac{du^2}{ds_2} \tag{4.7}$$

さて，曲線 c の各点で c の単位接ベクトル $\boldsymbol{t}$ について

$$\boldsymbol{t}=\boldsymbol{t}_1\cos\theta+\boldsymbol{t}_2\sin\theta$$

が成り立つ．c に沿ってこの式の両辺を微分すれば，

$$\frac{d\boldsymbol{t}}{ds}=\frac{d\boldsymbol{t}_1}{ds}\cos\theta+\frac{d\boldsymbol{t}_2}{ds}\sin\theta+(-\boldsymbol{t}_1\sin\theta+\boldsymbol{t}_2\cos\theta)\frac{d\theta}{ds}$$

となる．ところが，$\boldsymbol{N}\times\boldsymbol{t}_1=\boldsymbol{t}_2$，$\boldsymbol{N}\times\boldsymbol{t}_2=-\boldsymbol{t}_1$ であるから，$\boldsymbol{u}=\boldsymbol{N}\times\boldsymbol{t}=-\boldsymbol{t}_1\sin\theta+\boldsymbol{t}_2\cos\theta$ である．したがって，

$$k_g=\boldsymbol{u}\cdot\frac{d\boldsymbol{t}}{ds}=(-\boldsymbol{t}_1\sin\theta+\boldsymbol{t}_2\cos\theta)\cdot\frac{d\boldsymbol{t}}{ds}$$

これに上の式を代入すれば，次のようになる．

$$k_g=(-\boldsymbol{t}_1\sin\theta+\boldsymbol{t}_2\cos\theta)\cdot\left\{\frac{d\boldsymbol{t}_1}{ds}\cos\theta+\frac{d\boldsymbol{t}_2}{ds}\sin\theta+(-\boldsymbol{t}_1\sin\theta+\boldsymbol{t}_2\cos\theta)\frac{d\theta}{ds}\right\}$$

ところで，$\boldsymbol{t}_1\cdot\boldsymbol{t}_1=\boldsymbol{t}_2\cdot\boldsymbol{t}_2=1$，$\boldsymbol{t}_1\cdot\boldsymbol{t}_2=0$ であるから，

$$\boldsymbol{t}_1\cdot(d\boldsymbol{t}_1/ds)=\boldsymbol{t}_2\cdot(d\boldsymbol{t}_2/ds)=0$$

$$\boldsymbol{t}_1\cdot(d\boldsymbol{t}_2/ds)=-\boldsymbol{t}_2\cdot(d\boldsymbol{t}_1/ds)$$

である．これを利用すれば，上の式の右辺は次のようになる．

$$k_g=\frac{d\theta}{ds}+\boldsymbol{t}_2\cdot\frac{d\boldsymbol{t}_1}{ds} \tag{4.8}$$

次に，$\boldsymbol{t}_1=\boldsymbol{t}_1(u^1,\ u^2)$ を c に沿って微分すれば，

$$\frac{d\boldsymbol{t}_1}{ds}=\frac{\partial\boldsymbol{t}_1}{\partial u^1}\frac{du^1}{ds}+\frac{\partial\boldsymbol{t}_1}{\partial u^2}\frac{du^2}{ds}=\frac{d\boldsymbol{t}_1}{ds_1}\left(\frac{du^1}{ds}\Big/\frac{du^1}{ds_1}\right)+\frac{d\boldsymbol{t}_1}{ds_2}\left(\frac{du^2}{ds}\Big/\frac{du^2}{ds_2}\right)$$

となる．ここで，$d\boldsymbol{t}_1/ds_1$ は $\boldsymbol{t}_1=\boldsymbol{t}_1(u^1,\ u^2)$ を u^1 曲線に沿って微分したものであり，$d\boldsymbol{t}_1/ds_2$ は $\boldsymbol{t}_1=\boldsymbol{t}_1(u^1, u^2)$ を u^2 曲線に沿って微分したものである．これに(4.7)を代入して得られる $d\boldsymbol{t}_1/ds$ の値を(4.8)に代入すれば，次のようになる．

$$k_g=\frac{d\theta}{ds}+\boldsymbol{t}_2\cdot\frac{d\boldsymbol{t}_1}{ds_1}\cos\theta+\boldsymbol{t}_2\cdot\frac{d\boldsymbol{t}_1}{ds_2}\sin\theta \tag{4.9}$$

ところが，u^1 曲線，u^2 曲線の測地的曲率をそれぞれ $(k_g)_1$，$(k_g)_2$ とすれば，

$$(k_g)_1=(\boldsymbol{N}\times\boldsymbol{t}_1)\cdot\frac{d\boldsymbol{t}_1}{ds_1}=\boldsymbol{t}_2\cdot\frac{d\boldsymbol{t}_1}{ds_1}$$

$$(k_g)_2=(\boldsymbol{N}\times\boldsymbol{t}_2)\cdot\frac{d\boldsymbol{t}_2}{ds_2}=-\boldsymbol{t}_1\cdot\frac{d\boldsymbol{t}_2}{ds_2}=\boldsymbol{t}_2\cdot\frac{d\boldsymbol{t}_1}{ds_2}$$

ここで，$\boldsymbol{t}_2=\boldsymbol{N}\times\boldsymbol{t}_1$，$\boldsymbol{t}_1=-\boldsymbol{N}\times\boldsymbol{t}_2$ を利用した．これらを(4.9)に代入すれば，

$$k_g=\frac{d\theta}{ds}+(k_g)_1\cos\theta+(k_g)_2\sin\theta$$

となる．まとめて，次の定理が成り立つ．

定理 4.5　曲面の座標近傍内で座標曲線が直交しているとする．この曲面上の曲線 c の各点での接ベクトルが u^1 曲線と作る角を θ とすれば，曲線 c の測地的曲率 k_g は次の式で与えられる．s を曲線 c の弧長として

$$k_g=\frac{d\theta}{ds}+(k_g)_1\cos\theta+(k_g)_2\sin\theta \tag{4.10}$$

ただし，$(k_g)_1$，$(k_g)_2$ はそれぞれ u^1 曲線，u^2 曲線の測地的曲率である．　◇

演習問題　4

[A]

1.　曲面上の曲線 $u^\alpha=u^\alpha(s)$（s は弧長）が直線であるための必要十分条件は

$$\frac{d^2u^\alpha}{ds^2}+\sum_{\beta,\gamma}\left\{\begin{matrix}\alpha\\\beta\gamma\end{matrix}\right\}\frac{du^\beta}{ds}\frac{du^\gamma}{ds}=0,\qquad \sum_{\alpha,\beta}h_{\alpha\beta}\frac{du^\alpha}{ds}\frac{du^\beta}{ds}=0$$

が同時に成り立つことである．このことを証明せよ．

2.　曲面上の曲線 $u^\alpha=u^\alpha(t)$ が測地線であるための必要十分条件は

$$\frac{d^2u^\alpha}{dt^2}+\sum_{\beta,\gamma}\left\{\begin{matrix}\alpha\\\beta\gamma\end{matrix}\right\}\frac{du^\beta}{dt}\frac{du^\gamma}{dt}=\alpha(t)\frac{du^\alpha}{dt}$$

である．ただし，t は任意のパラメーターであり，$\alpha(t)$ は C^∞ 関数である．このことを証明せよ．

3.　次の等式を証明せよ．

$$\sum_{\alpha,\beta}g_{\alpha\beta}g^{\alpha\beta}=2$$

4.　曲面の第 1 基本微分形式が $I(du,\ dv)=a^2\{\cos^2\theta(du)^2+\sin^2\theta(dv)^2\}$ であるとき，ガウス曲率 K は

$$K=\frac{1}{a^2\sin\theta\cos\theta}\left(\frac{\partial^2\theta}{\partial u^2}-\frac{\partial^2\theta}{\partial v^2}\right)$$

である．ただし，$\theta=\theta(u,\ v)$は C^∞ 関数である．このことを証明せよ．

5．曲面について，ワインガルテンの方程式を利用して，次の式を証明せよ．

$$\boldsymbol{N}_u\times\boldsymbol{N}_v=(EG-F^2)^{1/2}K\boldsymbol{N}$$

ただし，Kはガウス曲率である．

[B]

1．曲面のクリストッフェルの記号は次の式で表せることを証明せよ．ただし，$g=EG-F^2$ である．

$$\begin{Bmatrix}1\\11\end{Bmatrix}=\frac{1}{2g}(GE_u-2FF_u+FE_v),\qquad \begin{Bmatrix}1\\12\end{Bmatrix}=\begin{Bmatrix}1\\21\end{Bmatrix}=\frac{1}{2g}(GE_v-FG_u)$$

$$\begin{Bmatrix}1\\22\end{Bmatrix}=\frac{1}{2g}(2GF_v-GG_u-FG_v),\qquad \begin{Bmatrix}2\\11\end{Bmatrix}=\frac{1}{2g}(2EF_u-EE_v-FE_u)$$

$$\begin{Bmatrix}2\\12\end{Bmatrix}=\begin{Bmatrix}2\\21\end{Bmatrix}=\frac{1}{2g}(EG_u-FE_v),\qquad \begin{Bmatrix}2\\22\end{Bmatrix}=\frac{1}{2g}(EG_v-2FF_v+FG_u)$$

2．$f=f(x,\ y)$を C^∞ 関数とする．曲面 $z=f(x,\ y)$について次の式を証明せよ．

$$\begin{Bmatrix}1\\11\end{Bmatrix}=\frac{pr}{g},\qquad \begin{Bmatrix}1\\12\end{Bmatrix}=\begin{Bmatrix}1\\21\end{Bmatrix}=\frac{ps}{g},\qquad \begin{Bmatrix}1\\22\end{Bmatrix}=\frac{pt}{g}$$

$$\begin{Bmatrix}2\\11\end{Bmatrix}=\frac{qr}{g},\qquad \begin{Bmatrix}2\\12\end{Bmatrix}=\begin{Bmatrix}2\\21\end{Bmatrix}=\frac{qs}{g},\qquad \begin{Bmatrix}2\\22\end{Bmatrix}=\frac{qt}{g}$$

ただし，$g=EG-F^2$，$p=f_x$，$q=f_y$，$r=f_{xx}$，$s=f_{xy}$，$t=f_{yy}$

第 5 章　曲面上の幾何

§5.1　等長写像

座標近傍　単一曲面の座標近傍の概念を拡張する．単一曲面Sのアトラスを$\boldsymbol{B}$とする．$\boldsymbol{B}$と無関係に局所曲面$(U,\ \phi,\ O)$があり，$O \subset S$であり，E^3の開集合Gがあって，$O = G \cap S$であるとする．さらに，$\boldsymbol{B}$の任意の元$(U_\lambda,\ \phi_\lambda,\ O_\lambda)$について，$O \cap O_\lambda \neq \phi$ならば，次の条件(C)が成り立つとする．

(C)　$\phi^{-1}(O \cap O_\lambda) = \tilde{U}$, $\phi_\lambda{}^{-1}(O \cap O_\lambda) = \tilde{U}_\lambda$ として，写像 $\phi^{-1} \circ \phi_\lambda : \tilde{U}_\lambda \longrightarrow U$ が

$$u = u(\theta,\ \phi), \qquad v = v(\theta,\ \phi) \qquad ((\theta,\ \phi) \in \tilde{U}_\lambda)$$

で表されたとすれば，右辺の関数はC^∞級である．すなわち，写像$\phi^{-1} \circ \phi_\lambda$は$C^\infty$写像である．さらに，

$$\frac{\partial(u,\ v)}{\partial(\theta,\ \phi)} \neq 0$$

が成り立つ．

このとき，局所曲面$(U,\ \phi,\ O)$または略してOを曲面Sの（広い意味での）**座標近傍**という．

微分可能な写像　2つの単一曲面S，S^*と位相同形写像$f: S \longrightarrow S^*$（$f: S \longrightarrow S^*$は1対1で連続であり，f^{-1}も連続である）があるとする．曲面Sのアトラスを$\boldsymbol{B}$とする．$\boldsymbol{B}$の任意の元$(U,\ \phi,\ O)$に対して，局所曲面$(U,\ f \circ \phi,\ f(O))$が曲面$S^*$の（上で定義した広い意味での）座標近傍であるとする．このとき，$f: S \longrightarrow S^*$は**微分可能な位相同形写像**であるという．微分可能な位相同形写像$f: S \longrightarrow S^*$について$(U,\ f \circ \phi,\ f(O))$を$(U,\ \phi,\ O)$の$f$による**像**，または簡単に$f(O)$を**$f$による$O$に対応する座標近傍**という．さて，$\phi^* = f \circ \phi$，$O^* = f(O)$とおき，$(U,\ f \circ \phi,\ f(O))$を$(U,\ \phi^*,\ O^*)$と書き表すことに

する．また，S の O 内での局所表現が $\boldsymbol{x}=\boldsymbol{x}(u^1,\ u^2)$ $((u^1,\ u^2\in U)$ ならば，S^* の O^* 内での局所表現は $\boldsymbol{x}=f(\boldsymbol{x}(u^1,\ u^2))$ $((u^1,\ u^2)\in U)$ である．なお，O 内の点 P の座標が $(u^1,\ u^2)$ ならば，点 $f(\mathrm{P})$ の O^* における座標は $(u^1,\ u^2)$ である．

等長写像　微分可能な位相同形写像 $f\colon S\longrightarrow S^*$ を考える．さらに，S 上の任意の曲線 $c\colon I\longrightarrow S$ に対して，S^* の曲線 $c^*=f\circ c\colon I\longrightarrow S^*$ を c の f による**像**という．S 上の任意の曲線 c について，c の長さ $L(c)$ とその像 c^* の長さ $L(c^*)$ が常に等しいとき，f を**等長写像**という．

$f\colon S\longrightarrow S^*$ を等長写像とする．S の任意の座標近傍 $(U,\ \phi,\ O)$ をとり，O の f による像を O^* とする．S の O における第 1 基本量を $g_{\alpha\beta}$, S^* の O^* における第 1 基本量を $g^*_{\alpha\beta}$ とする．S 上の曲線 c: $[a,\ b]\longrightarrow S$ をとり，$c([a,\ b])\subset O$ とする．また，c の O における局所表現を $u^\alpha=u^\alpha(t)$ $(a\leqq t\leqq b)$ とすれば，$c^*=f\circ c$ の O^* における局所表現は $u^\alpha=u^\alpha(t)$ $(a\leqq t\leqq b)$ である．さて，$L(c)=L(c^*)$ であるから，

$$\int_a^b\left[\sum_{\alpha,\beta}g_{\alpha\beta}(u^1(t),\ u^2(t))\frac{du^\alpha(t)}{dt}\frac{du^\beta(t)}{dt}\right]^{1/2}dt$$
$$=\int_a^b\left[\sum_{\alpha,\beta}g^*_{\alpha\beta}(u^1(t),\ u^2(t))\frac{du^\alpha}{dt}\frac{du^\beta}{dt}\right]^{1/2}dt$$

が成り立つ．ここで，a と b を任意にとることができるから，

$$\sum_{\alpha,\beta}g_{\alpha\beta}(u^1(t),\ u^2(t))\frac{du^\alpha(t)}{dt}\frac{du^\beta(t)}{dt}$$
$$=\sum_{\alpha,\beta}g^*_{\alpha\beta}(u^1(t),\ u^2(t))\frac{du^\alpha(t)}{dt}\frac{du^\beta(t)}{dt}$$

である．さらに，C^∞ 関数 $u^1=u^1(t)$ と $u^2=u^2(t)$ を任意に選べるから，

$$g_{\alpha\beta}(u^1,\ u^2)=g^*_{\alpha\beta}(u^1,\ u^2)\qquad((u^1,\ u^2)\in U)$$

が成り立つ．まとめて，次の定理となる．なお，2 つの単一曲面 S, S^* に対して等長写像 $f\colon S\longrightarrow S^*$ があるとき，S と S^* は**等長的**であるといい，S の座標近傍 O に対して S^* の座標近傍 $O^*=f(O)$ を，O に対応する S^* の座標近傍という．

定理 5.1　2つの単一曲面S，S^*が等長的であるための必要十分条件は，Sの任意の座標近傍における第1基本量E, F, GとS^*のOに対する座標近傍O^*における第1基本量E^*，F^*，G^*が等しいこと，すなわち

$$E=E^*,\quad F=F^*,\quad G=G^* \quad \text{つまり} \quad g_{\alpha\beta}=g^*_{\alpha\beta}$$

が成り立つことである．　◇

例題 5.1　曲面 S：$\boldsymbol{x}=(\cos u \cosh v,\ \sin u \cosh v,\ v)$（$0<u<2\pi$，$-\infty<v<\infty$）と S^*：$\boldsymbol{x}=(\theta \cos \phi,\ \theta \sin \phi,\ \phi)$（$-\infty<\theta<\infty$，$0<\phi<2\pi$）がある．$f: S \longrightarrow S^*$ を $\phi=u$，$\theta=\sinh v$ で定義すれば，fは等長写像である．このことを証明せよ．

（**解答**）

$$\boldsymbol{x}(u,\ v)=(\cos u \cosh v,\ \sin u \cosh v,\ v),$$

$$\boldsymbol{x}^*(\theta,\ \phi)=(\theta \cos \phi,\ \theta \sin \phi,\ \phi)$$

とする．さて，

$$\boldsymbol{x}_u=(-\sin u \cosh v,\ \cos u \cosh v,\ 0),$$

$$\boldsymbol{x}_v=(\cos u \sinh v,\ \sin u \sinh v,\ 1)$$

であるから，Sの第1基本量は

$$E=\boldsymbol{x}_u \cdot \boldsymbol{x}_u=\cosh^2 v,\qquad F=\boldsymbol{x}_u \cdot \boldsymbol{x}_v=0,\qquad G=\boldsymbol{x}_v \cdot \boldsymbol{x}_v=\cosh^2 v \qquad \text{(a)}$$

である．

さて，fは $\phi=u$，$\theta=\sinh v$ で定義されるから，$\tilde{\boldsymbol{x}}=f(\boldsymbol{x}(u,\ v))$とすれば，

$$\tilde{\boldsymbol{x}}(u,\ v)=(\sinh v \cos u,\ \sinh v \sin u,\ u)$$

である．ゆえに，$\boldsymbol{x}=\tilde{\boldsymbol{x}}(u,\ v)$は$S^*$の局所表現である．したがって，

$$\tilde{\boldsymbol{x}}_u=(-\sinh v \sin u,\ \sinh v \cos u,\ 1),$$

$$\tilde{\boldsymbol{x}}_v=(\cosh v \cos u,\ \cosh v \sin u,\ 0)$$

であるから，S^*の第1基本量は

$$E^*=\tilde{\boldsymbol{x}}_u \cdot \tilde{\boldsymbol{x}}_u=\cosh^2 v,\qquad F^*=\tilde{\boldsymbol{x}}_u \cdot \tilde{\boldsymbol{x}}_v=0,\qquad G^*=\tilde{\boldsymbol{x}}_v \cdot \tilde{\boldsymbol{x}}_v=\cosh^2 v \qquad \text{(b)}$$

となる．したがって，(a)と(b)によって

$$E=E^*,\qquad F=F^*,\qquad G=G^*$$

となる．ゆえに，fは等長写像である．　◇

内的性質　曲面上の図形の性質で等長写像によって不変のものを，曲面の**内的性質**という．ゆえに，定理5.1によれば，曲面の第1基本量 $g_{\alpha\beta}$，その偏導関数 $\partial g_{\alpha\beta}/\partial u^{\gamma}$，$\partial^2 g_{\alpha\beta}/\partial u^{\delta}\partial u^{\gamma}$，…で書き表される量または性質はそれぞれ内的量または内的性質である．たとえば，定理4.1(p.90)によれば，曲面のガウス曲率Kは内的量である．すなわち，次の定理が成り立つ．

定理5.2　2つの曲面S，S^*が等長的であれば，Sのガウス曲率KとS^*のガウス曲率K^*は対応する点で等しい．　◇

しかし，この定理の逆は必ずしも成り立たない．曲面上の曲線の長さ，2つの接ベクトルの交角，測地的曲率，測地線などは内的量または内的性質である．曲面上の図形についての内的量，図形の内的性質を研究する幾何学の分野を曲面の**内的幾何**という．この章では，曲面の内的幾何について述べる．

§5.2　測地座標・測地的曲率

測地座標　曲面上の十分小さい座標近傍内に次の条件(i)，(ii)，(iii)を満たす座標$(u,\ v)$が存在することを証明できるが，その証明を省略する．

(i)　u曲線はすべて測地線である．

(ii)　u曲線とv曲線は直交する．

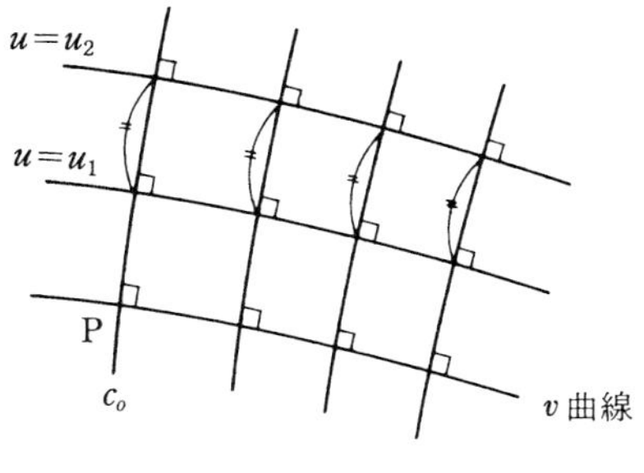

(iii)　任意の2つのu曲線が2つのv曲線$u=u_1$，$u=u_2$によって切り取られる弧の長さは等しくて，$|u_1-u_2|$に等しい．

このような座標を**測地座標**という．測地座標の第1基本微分形式(線素)は

$$ds^2=du^2+G(u,\ v)dv^2, \qquad G(u,\ v)>0 \tag{2.1}$$

である．したがって，測地座標の第1基本量は

$$E=1, \qquad F=0, \qquad G=G(u,\ v) \tag{2.2}$$

である．なお，第4章，(2.9)(p.90)によって，ガウス曲率Kは測地座標に関して次の式で表される．

$$K=-\frac{1}{\sqrt{G}}\frac{\partial^2\sqrt{G}}{\partial u^2} \tag{2.3}$$

測地的極座標　曲面上に点Pを固定し，点Pを含む十分小さい座標近傍O内で以下のことを考える．まず，Pを通る測地線をすべて書き，点Pを通る測地線g上に点Pからの弧長がuである点Q($\neq$P)をとり，測地線gを変化させれば，点Qは閉曲線をえがく．これをPを中心とする半径uの**測地円**という．また，

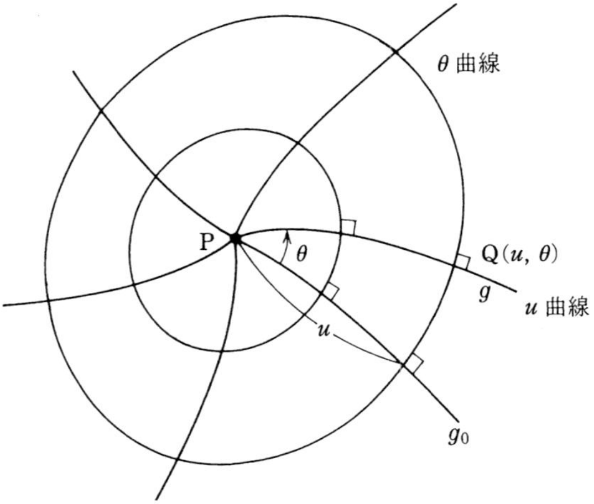

点Pを通る測地線g_0を固定し，測地線gとg_0が点Pを作る角をθとし，点Qに$(u,\ \theta)$を対応させると，この対応は1対1である．このようにして，$O-\{\mathrm{P}\}$

内に座標$(u,\ \theta)$を考えることができる．この座標$(u,\ \theta)$を点Pを中心とする**測地的極座標**という．このとき，u曲線は測地線で，θ曲線は測地円である．さらに，u曲線とθ曲線は直交していることを証明できるが，その証明を省略する．したがって，測地的極座標は測地座標である．ゆえに，点P以外の点でガウス曲率Kは上の(2.3)で表される．

次に，O内に任意に点Qをとり，$Q \neq P$ならば，点Pの測地座標を$(u,\ \theta)$として，

$$x^1 = u\cos\theta, \qquad x^2 = u\sin\theta \tag{2.4}$$

とおく．また，$Q=P$ならば$x^1=0$，$x^2=0$とおく．このようにしてO内に座標$(x^1,\ x^2)$を導入できる．この$(x^1,\ x^2)$を点Pを中心とする**標準座標**という．

標準座標(x^1, x^2)について，(2.4)からわかるように，点Pを通るx^1曲線は$x^1=u$，$x^2=0$で表され，点Pを通るx^2曲線は$x^1=0$，$x^2=u$で表される．ゆえに，標準座標について，点Pを通る2つの座標曲線の点Pにおける接ベクトル$(\partial \boldsymbol{x}/\partial x^1)_{\mathrm{P}}$, $(\partial \boldsymbol{x}/\partial x^2)_{\mathrm{P}}$はそれぞれ$\theta=0$, $\theta=\pi/2$で表される測地線の点Pにおける単位接ベクトルである．したがって，標準座標(x^1, x^2)についての第1基本量$\bar{E}$，$\bar{F}$，$\bar{G}$の中心Pにおける値は次のようになる．

$$\bar{E}_0 = 1, \qquad \bar{F}_0 = 0, \qquad \bar{G}_0 = 1 \tag{2.5}$$

さて，第3章，(3.5)(p.49)によって，P以外の点では

$$G = \bar{E}\left(\frac{\partial x^1}{\partial\theta}\right)^2 + 2\bar{F}\left(\frac{\partial x^1}{\partial\theta}\right)\left(\frac{\partial x^2}{\partial\theta}\right) + \bar{G}\left(\frac{\partial x^2}{\partial\theta}\right)^2$$

が成り立つ．ゆえに，(2.4)を利用すれば，Gは次の式で表される．

$$G = u^2(\bar{E}\sin^2\theta - 2\bar{F}\sin\theta\cos\theta + \bar{G}\cos^2\theta) \tag{2.6}$$

したがって，(2.5)と(2.6)によって

$$\lim_{u\to 0}\sqrt{G} = 0 \tag{2.7}$$

が成り立つ．

標準座標$(x^1,\ x^2)$において，中心Pを通る測地線は

$$x^1 = a^1 s, \qquad x^2 = a^2 s$$

で表される．ここで，sは弧長であり，さらにa^1, a^2は定数であって$(a^1)^2 + (a^2)^2 = 1$が成り立つ．さて，$x^1 = a^1 s$, $x^2 = a^2 s$を測地線の微分方程式(第4章，(4.6)

(p.95))に代入して，$s \to 0$ とすれば，

$$\sum_{\beta,\gamma}\left\{ \begin{matrix} \alpha \\ \beta\gamma \end{matrix} \right\}_0 a^\beta a^\gamma = 0$$

となる．ここで，$\left\{ \begin{matrix} \alpha \\ \beta\gamma \end{matrix} \right\}_0$ は $\left\{ \begin{matrix} \alpha \\ \beta\gamma \end{matrix} \right\}$ の中心Pにおける値である．さて，a^1，a^2 は $(a^1)^2+(a^2)^2=1$ を満たす任意の数であることと

$$\left\{ \begin{matrix} \alpha \\ \beta\gamma \end{matrix} \right\}_0 = \left\{ \begin{matrix} \alpha \\ \gamma\beta \end{matrix} \right\}_0$$

であることを利用すれば，上の等式から

$$\left\{ \begin{matrix} \alpha \\ \beta\gamma \end{matrix} \right\}_0 = 0$$

が得られる．さらに，第4章，(1.3)(p.85)を利用すれば，

$$\left(\frac{\partial g_{\alpha\beta}}{\partial x^\gamma} \right)_0 = 0$$

を得る．ここで，$(\partial g_{\alpha\beta}/\partial u^\gamma)_0$ は $(\partial g_{\alpha\beta}/\partial u^\gamma)$ の中心Pにおける値である．ゆえに，中心Pにおいて

$$\frac{\partial \bar{E}}{\partial x^1} = \frac{\partial \bar{E}}{\partial x^2} = \frac{\partial \bar{F}}{\partial x^1} = \frac{\partial \bar{F}}{\partial x^2} = \frac{\partial \bar{G}}{\partial x^1} = \frac{\partial \bar{G}}{\partial x^2} = 0$$

が成り立つ．ここで，(2.6)によって，(2.5)を利用すれば，次の式が成り立つことがわかる．

$$\lim_{u\to 0} \frac{\partial \sqrt{G}}{\partial u} = 1 \tag{2.8}$$

　次に，(2.3)によって

$$\frac{\partial^2 \sqrt{G}}{\partial u^2} = -K\sqrt{G}$$

である．したがって，

$$\frac{\partial^3 \sqrt{G}}{\partial u^3} = -K\frac{\partial \sqrt{G}}{\partial u} - \frac{\partial K}{\partial u}\sqrt{G}$$

ここで，(2.7)，(2.8)に注意すれば，次の式が得られる．

$$\lim_{u\to 0} \frac{\partial^2 \sqrt{G}}{\partial u^2} = 0, \qquad \lim_{u\to 0} \frac{\partial^3 \sqrt{G}}{\partial u^3} = -K_0 \tag{2.9}$$

ここで，K_0 は中心Pにおける K の値である．

さて，(2.7)，(2.8)，(2.9)を利用すれば，$\sqrt{G}$ の展開

$$\sqrt{G}=u-\frac{1}{6}K_0u^3+o(u^3)$$

が得られる．以上のことをまとめると，次の定理となる．

定理 5.3　曲面上で点Pを中心とする測地的極座標$(u,\ \theta)$に関して第1基本微分形式(線素)は

$$ds^2=du^2+G(u,\ \theta)\,d\theta^2$$

であって，しかも

$$\sqrt{G(u,\ \theta)}=u-\frac{1}{6}K_0u^3+o(u^3) \tag{2.10}$$

である．ここで，K_0 は中心Pにおけるガウス曲率Kの値である．　◇

ガウス曲率　まず，測地円の周の長さと測地円の内部の面積について考える．曲面上の点Pを含む座標近傍O内にPを中心とする測地的極座標(u, θ)を設定する．さて，O内で方程式 $u=a$ $(0\leqq\theta\leqq 2\pi)$ によって定義された測地円の周の長さを$L(a)$，その内部の面積を$A(a)$とする．このとき，測地的極座標について第1基本量は$E=1$，$F=0$，$G=G(u,\ \theta)$であるから，(2.10)によって

$$L(a)=\int_0^{2\pi}\sqrt{G(u,\ \theta)}\,d\theta$$

$$=\int_0^{2\pi}\left\{a-\frac{1}{6}K_0a^3+o(a^3)\right\}d\theta$$

$$\therefore\quad L(a)=2\pi a-\frac{\pi}{3}K_0a^3+o(a^3) \tag{2.11}$$

また，$\sqrt{EG-F^2}=\sqrt{G}$ であるから，

$$A(a)=\int_0^a\int_0^{2\pi}\sqrt{EG-F^2}\,d\theta\,du=\int_0^a\int_0^{2\pi}\sqrt{G}\,d\theta\,du$$

$$=\int_0^a\int_0^{2\pi}\left\{u-\frac{1}{6}K_0u^3+o(u^3)\right\}d\theta\,du$$

$$\therefore\quad A(a)=\pi a^2-\frac{\pi}{12}K_0a^4+o(a^4) \tag{2.12}$$

以上のことから，次の定理が成り立つ．

定理 5.4　曲面上の点Pを中心とし，半径 a の測地円について，a が十分に小さければ，K_0 をガウス曲率 K の点Pにおける値として

$$K_0>0 \quad ならば, \quad L(a)<2\pi a, \quad A(a)<\pi a^2$$
$$K_0<0 \quad ならば, \quad L(a)>2\pi a, \quad A(a)>\pi a^2 \qquad \Diamond$$

定理 5.5　上の定理5.4の記号を用いて，公式

$$K_0=\lim_{a\to 0}\frac{3}{\pi}\left(\frac{2\pi a-L(a)}{a^3}\right), \qquad K_0=\lim_{a\to 0}\frac{12}{\pi}\left(\frac{\pi a^2-A(a)}{a^4}\right) \qquad (2.13)$$

が成り立つ．　◇

この定理5.5の公式はガウス曲率 K に幾何学的意味を与えるものであると考えられている．

最短線　曲面の点Pを含む座標近傍 O 内に点Pを中心とする測地的極座標 (u, θ) が設定されているとする．O 内に点Pと異なる点Qをとり，Qの測地的極座標を (a, α) とする．さて，点PとQを結ぶ測地線を c とすれば，c の方程式は $u=s$，$\theta=\alpha$（s は弧長）であり，c の長さは $L(c)=a$ である．次に，PとQを結ぶ曲線 $\tilde{c}$ を O 内で任意にとり，$\tilde{c}$ が方程式 $u=t, \theta=\theta(t)$ $(0\leqq t\leqq a)$ で表されるとする．このとき，$\tilde{c}$ の長さ $L(\tilde{c})$ は次の式で与えられる．

$$L(\tilde{c})=\int_0^a\sqrt{1+G(t, \alpha)\left(\frac{d\theta}{dt}\right)^2}\,dt$$

ゆえに，$G(t, \alpha)>0$ であるから，

$$L(\tilde{c})-L(c)=\int_0^a\left\{\sqrt{1+G(t, \alpha)\left(\frac{d\theta}{dt}\right)^2}-1\right\}dt\geqq 0$$

である．さらに，$G(t, \alpha)>0$ であるから，次のことが成り立つ．

$$L(\tilde{c})-L(c)=0 \iff \sqrt{1+G(t, \alpha)\left(\frac{d\theta}{dt}\right)^2}-1=0 \iff \frac{d\theta}{dt}=0$$

したがって，次のことが成り立つ．

$$L(\tilde{c})=L(c) \iff \theta=\alpha \iff \tilde{c}=c$$

まとめて，次の定理となる．

定理 5.6　曲面上に十分小さい座標近傍 O をとる．O 内に 2 点 P，Q をとると，P，Q を結ぶ測地線は O 内ではただ 1 つあり，この測地線は O 内にあって，P，Q を結ぶ曲線のうちで最短線である．　◇

一般に，この定理は十分小さい座標近傍内だけで成り立つということに注意しなければならない．たとえば，図の球面において，2 点 P，Q を結ぶ測地線（大円弧）は 2 本あり，短い測地線は P，Q を結ぶ最短線であるが，P，Q を結ぶ長い測地線（大円弧）は最短線ではない．特に，P，Q が対極点 N，S となった場合には，N，S を結ぶ測地線は無数に多くある．

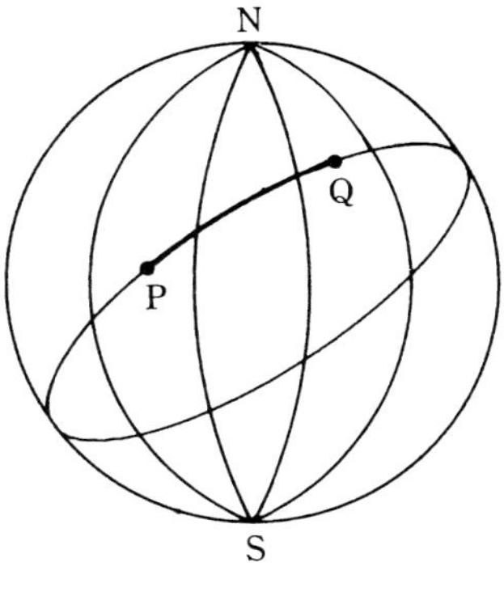

§ 5.3　定曲率曲面

曲面のガウス曲率 K が定数ならば，この曲面を**定曲率曲面**という．たとえば，平面では $K=0$ であるから，平面は定曲率曲面である．半径 a の球面では $K=1/a^2\,(>0)$ であるから，球面は定曲率曲面である．なお，$K<0$ である定曲率曲面の例としては後で述べる擬球(p.113)がある．

定曲率曲面について次の定理がある．

定理 5.7 定曲率曲面のガウス曲率をKとすれば，任意の点を中心とする測地的極座標$(u,\ \theta)$について，この曲面の第1基本微分形式(線素)ds^2は次のようである．

(1) $K=0$ のとき，　$ds^2=du^2+u^2d\theta^2$

(2) $K>0$ のとき，　$ds^2=du^2+a^2\sin^2\dfrac{u}{a}d\theta^2 \quad \left(K=\dfrac{1}{a^2},\ a>0\right)$

(3) $K<0$ のとき，　$ds^2=du^2+a^2\sinh^2\dfrac{u}{a}d\theta^2 \quad \left(K=-\dfrac{1}{a^2},\ a>0\right)$ ◇

［**証明**］ 公式(2.3)(p.104)により，$\sqrt{G}=\sqrt{G(u,\ \theta)}$ は次の微分方程式を満足する．

$$\frac{\partial^2\sqrt{G}}{\partial u^2}+K\sqrt{G}=0 \tag{3.1}$$

(1) $K=0$ とすれば，(3.1)は次のようになる．

$$\frac{\partial^2\sqrt{G}}{\partial u^2}=0$$

この微分方程式の一般解は

$$\sqrt{G}=bu+c \qquad (b,\ c \text{ は任意定数})$$

である．ところが，(2.7)，(2.8)(p.105，106)によって $b=1$，$c=0$ となる．ゆえに，$\sqrt{G}=u$．したがって，

$$ds^2=du^2+u^2d\theta^2$$

(2) $K=1/a^2$ とすれば，(3.1)は次のようになる．

$$\frac{\partial^2\sqrt{G}}{\partial u^2}+\frac{1}{a^2}\sqrt{G}=0$$

この微分方程式の一般解は

$$\sqrt{G}=b\sin\frac{u}{a}+c\cos\frac{u}{a} \qquad (b,\ c \text{ は任意定数})$$

である．ところが，(2.7)，(2.8)によって $b=a$，$c=0$ となる．ゆえに，$\sqrt{G}=a\sin(u/a)$．したがって，

$$ds^2=du^2+a^2\sin^2\frac{u}{a}d\theta^2$$

(3) $K=-1/a^2$ とすれば，(3.1)は次のようになる．

$$\frac{\partial^2\sqrt{G}}{\partial u^2}-\frac{1}{a^2}\sqrt{G}=0$$

この微分方程式の一般解は

$$\sqrt{G}=b\sinh\frac{u}{a}+c\cosh\frac{u}{a}\qquad(b,\ c\text{ は任意定数})$$

である．ところが，(2.7)，(2.8)によって $b=a$，$c=0$ となる．ゆえに，$\sqrt{G}=a\sinh(u/a)$．したがって，

$$ds^2=du^2+a^2\sinh^2\frac{u}{a}d\theta^2\qquad\Diamond$$

この定理5.7によって，次の定理が成り立つ．

定理 5.8　2 つの定曲率曲面のガウス曲率の値が等しければ，これらの曲面上に十分小さい座標近傍を 1 つづつ適当にとれば，これらの座標近傍は等長的である．　◇

正の曲率をもつ定曲率曲面　第 3 章，例題3.8(p.66)によれば，x_1x_3 平面上の曲線 $x_1=f(s)$，$x_3=g(s)$，$f>0$ (s は弧長)を x_3 軸のまわりに回転させて得られる回転面 $\boldsymbol{x}=(f(s)\cos\theta,\ f(s)\sin\theta,\ g(s))$ のガウス曲率Kは

$$K=-\frac{f''}{f}$$

である．そこで，このような回転面で $K=1/a^2$ ($a>0$ は定数)となる関数 $f=f(s)$ を求めよう．そのために上の式で $K=1/a^2$ とすれば，次の微分方程式となる．

$$f''+\frac{1}{a^2}f=0$$

この微分方程式の一般解は

$$f=A\sin\frac{s}{a}+B\cos\frac{s}{a}\qquad(A,\ B\text{ は任意定数})\tag{3.2}$$

である．さて，$(f')^2+(g')^2=1$ であるから，$g(s)$ は

$$g=\pm\int\left\{1-\left(\frac{A}{a}\cos\frac{s}{a}-\frac{B}{a}\sin\frac{s}{a}\right)^2\right\}^{1/2}ds+C \quad (C\text{は任意定数}) \qquad (3.3)$$

で定まる．

簡単な解を求めるために，$A=0$，$C=0$ として，

$$f=B\cos\frac{s}{a},\ \ g=\int_0^s\left\{1-\frac{B^2}{a^2}\sin^2\frac{s}{a}\right\}^{1/2}ds \quad \left(-\frac{\pi}{2}a<s<\frac{\pi}{2}a\right) \qquad (3.4)$$

を考える．さらに，$B=a$ とすれば(3.4)は

$$f=a\cos\frac{s}{a},\qquad g=a\sin\frac{s}{a} \qquad \left(-\frac{\pi}{2}a<s<\frac{\pi}{2}a\right) \qquad (3.5)$$

となる．この解(3.5)を用いた場合，問題の回転面は半径 a の球面である．しかし，解(3.4)によれば，正の定曲率曲面である回転面のうちには球面ではないものがある．なお，完備な正の定曲率曲面は球面であることが知られている．

負の曲率をもつ定曲率曲面　第3章，例題3.8(p.66)によれば，x_1x_3 平面上の曲線 $x_1=f(s)$，$x_3=g(s)$，$f>0$（s は弧長）を x_3 軸のまわりに一回転させて得られる回転面のガウス曲率 K は

$$K=-\frac{f''}{f}$$

である．ここで，$K=-1/a^2$（$a>0$ は定数）となる関数 $f=f(s)$ を求めよう．そのために，微分方程式

$$f''-\frac{1}{a^2}f=0$$

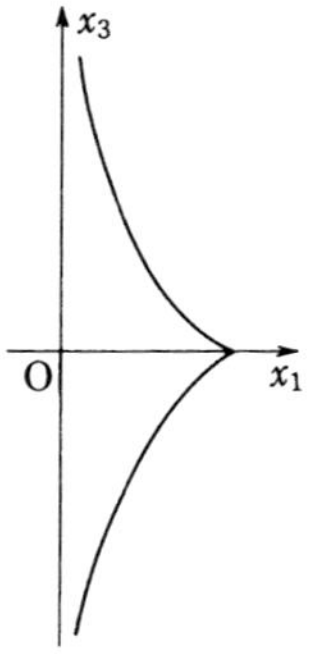

を考える．この微分方程式の一般解は

$$f = Ae^{s/a} + Be^{-s/a} \qquad (A,\ B\ は任意定数) \tag{3.6}$$

である．さて，$(f')^2+(g')^2=1$ であるから，$g(s)$は

$$g = \pm\int\left\{1-\left(\frac{A}{a}e^{s/a}-\frac{B}{a}e^{-s/a}\right)^2\right\}^{1/2} ds + C \qquad (C\ は任意定数) \tag{3.7}$$

となる．

特に，$A=0$，$B=a$，$C=0$ として，特殊解

$$f = ae^{-s/a}, \qquad g = \pm\int_0^s \sqrt{1-e^{-2s/a}}\,ds \qquad (s>0) \tag{3.8}$$

を考える．この(3.8)を用いたとき，この回転面は**擬球**とよばれていて，負の曲率をもつ定曲率曲面の例としてしばしば採用される．なお，曲線(3.8)の概形は図のようであり，x_1x_2 平面の交線に沿って擬球は尖点をもっている．

負の曲率をもつ2次元リーマン空間　xy 平面の上半平面を $M=\{(x,\ y)\mid y>0\}$ とする．ここで，M上に抽象的に3つの関数

$$E=\frac{a^2}{y^2}, \qquad F=0, \qquad G=\frac{a^2}{y^2} \qquad (y>0) \tag{3.9}$$

を考える．明らかに，$E>0$，$G>0$，$EG-F^2>0$ である．この E，F，G を曲面の第1基本量に相当するものとみなし，曲線の長さ，同一の点における接ベクトルの内積，領域の面積などを曲面の内的幾何に属する公式によって定義することにすれば，M上の図形の性質について論ずることができる．このとき，$\{E,\ F,\ G\}$ をM上の1つの**リーマン**(Riemann)**計量**といい，その線素

$$ds^2 = E\,du^2 + 2F\,du\,dv + G\,dv^2$$

を考えれば，この(3.9)で与えたE，F，Gについて

$$ds^2 = \frac{a^2(dx^2+dy^2)}{y^2} \tag{3.10}$$

となる．このとき，$(M\,;E,\ F,\ G)$または$(M,\ ds^2)$は2次元リーマン空間である．この(3.10)を**ポアンカレ**(Poincaré)**計量**という．さて，例題4.3の公式(1.6)(p.87)にしたがって，クリストッフェルの記号 $\left\{\begin{matrix}\alpha\\ \beta\gamma\end{matrix}\right\}$ を計算すれば，次のようになる．

$$\left\{ \begin{matrix} 1 \\ 1\,1 \end{matrix} \right\} = \left\{ \begin{matrix} 1 \\ 2\,2 \end{matrix} \right\} = \left\{ \begin{matrix} 2 \\ 1\,2 \end{matrix} \right\} = \left\{ \begin{matrix} 2 \\ 2\,1 \end{matrix} \right\} = 0$$
$$-\left\{ \begin{matrix} 1 \\ 1\,2 \end{matrix} \right\} = -\left\{ \begin{matrix} 1 \\ 2\,1 \end{matrix} \right\} = \left\{ \begin{matrix} 2 \\ 1\,1 \end{matrix} \right\} = -\left\{ \begin{matrix} 2 \\ 2\,2 \end{matrix} \right\} = \frac{1}{y} \tag{3.11}$$

この(3.11)を利用すれば，測地線の微分方程式(第4章，(4.6)(p.95))は次のようになる．

$$\frac{d^2x}{ds^2} - \frac{2}{y}\frac{dx}{ds}\frac{dy}{ds} = 0, \qquad \frac{d^2y}{ds^2} + \frac{1}{y}\left\{\left(\frac{dx}{ds}\right)^2 - \left(\frac{dy}{ds}\right)^2\right\} = 0 \tag{3.12}$$

この連立微分方程式を解いて，測地線の自然なパラメーター表示 $x=x(s)$, $y=y(s)$を求めてみよう．(3.12)の第1式から

$$\frac{1}{y^2}\frac{d^2x}{ds^2} - \frac{2}{y^3}\frac{dx}{ds}\frac{dy}{ds} = 0 \qquad \therefore \quad \frac{d}{ds}\left(\frac{1}{y^2}\frac{dx}{ds}\right) = 0$$

$$\therefore \quad \frac{dx}{ds} = cy^2 \qquad (c \text{ は任意定数}) \tag{3.13}$$

次に，(3.12)の第2式と(3.13)から

$$\frac{1}{y}\frac{d^2y}{ds^2} - \frac{1}{y^2}\left(\frac{dy}{ds}\right)^2 + c\frac{dx}{ds} = 0 \qquad \therefore \quad \frac{d}{ds}\left(\frac{1}{y}\frac{dy}{ds} + cx\right) = 0$$

$$\therefore \quad \frac{1}{y}\frac{dy}{ds} + cx = b \qquad (b \text{ は任意定数}) \tag{3.14}$$

ここで，2つの場合に分けて，(a) $c=0$,（b）$c\neq 0$ とする．

(a) $c=0$ ならば，(3.13)によって，$x=a$ となる(a は任意定数)．

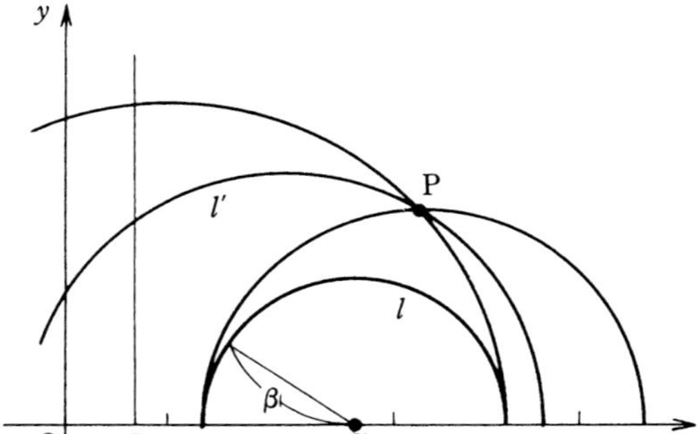

（b）　$c \neq 0$ ならば，(3.13)と(3.14)によって，次の計算ができる．

$$\frac{dy}{dx}=\frac{b-cx}{cy} \qquad \therefore \quad x^2+y^2-\frac{2b}{c}x=d \qquad (d\text{は任意定数})$$

この2つの場合（a），（b）をまとめると，測地線は

$$x=a \qquad (y>0) \qquad\qquad (a\text{は定数})$$

かまたは

$$(x-\alpha)^2+y^2=\beta^2 \qquad (y>0) \qquad (\alpha,\ \beta\text{は定数})$$

である．つまり，y 軸に平行な直線の上半分か，x 軸上に中心をもつ円周の上半分である．

このような E，F，G をもった上半平面Mを**双曲的平面**という．さて，(3.9)を第4章，(2.9)(p.90)に代入すれば，

$$K=-\frac{1}{a^2}\ <\ 0 \tag{3.15}$$

となる．つまり，双曲的平面のガウス曲率Kは一定であり，その値は負である．

双曲的平面Mにおいて，測地線という術語を直線という術語に言い換えるとすれば，次のことが成り立つ（前ページの図参照）．

> 直線 l と l 上にない点Pが与えられたとき，Pを通り l に平行である（l と交わらない）直線 l' は無数に多くある．この意味で，平行線の公理が成り立たない幾何の一種である双曲的非ユークリッド幾何が双曲的平面M上で成立する．

2次元リーマン空間とは，さらに一般化されたものであって，2次元多様体とよばれる位相空間内に第1基本量に相当するリーマン計量を考えたものであって，曲面の内的幾何とほぼ平行に理論が展開される．

ポアンカレ計量　ガウス曲率が $K=-1$ $(a=1)$ である双曲的非ユークリッド平面Mにおいて，点$(x,\ y)$に対して複素数 $z=x+yi$ を対応させて，Mを複素数平面の上半平面 $M=\{z=x+yi \mid y>0\}$ とみなすことができる．このとき，線素(3.10)は，$a=1$ とおいて

$$ds^2=\frac{-4dz\,d\bar{z}}{(z-\bar{z})^2} \tag{3.16}$$

となる．ここで，$\bar{z}=x-yi$，$dz=dx+dyi$，$d\bar{z}=dx-dyi$ である．

次に，uv 平面上の円板 $D=\{(u,\ v)\mid u^2+v^2<1\}$ 内で線素

$$d\tilde{s}^2=\frac{4(du^2+dv^2)}{\{1-(u^2+v^2)\}^2} \tag{3.17}$$

を考え，Dを2次元リーマン空間とみなす．ここで，点$(u,\ v)$に対して複素数 $w=u+vi$ を対応させれば，Dは複素数平面内の円板 $D=\{w\,\big|\,|w|<1\}$ とみなすことができる．この(3.17)も**ポアンカレ計量**とよばれている．このとき，線素(3.17)は次のようになる．

$$d\tilde{s}^2=\frac{4dw\,d\bar{w}}{(1-w\bar{w})^2} \tag{3.18}$$

2つの2次元リーマン空間$(M,\ ds^2)$と$(D,\ d\tilde{s}^2)$は本質的に同じであることを示そう．複素数zとwの間の1対1の対応を

$$z=i\,\frac{1-w}{1+w} \tag{3.19}$$

で定義する．これをwについて解けば，

$$w=\frac{i-z}{i+z} \tag{3.20}$$

となる．この対応でMとDの間に1対1の対応がつけられる．さて，

$$z-\bar{z}=\frac{2i(1-w\bar{w})}{(1+w)(1+\bar{w})},\qquad dz=\frac{-2i\,dw}{(1+w)^2},\qquad d\bar{z}=\frac{2i\,d\bar{w}}{(1+\bar{w})^2}$$

である．これを(3.16)に代入すれば，

$$ds^2=\frac{4dw\,d\bar{w}}{(1-w\bar{w})^2}=d\tilde{s}^2$$

が成り立つ．すなわち，この対応は$(M,\ ds^2)$と$(D,\ d\tilde{s}^2)$の間の等長対応であるとみなせて，この2つの2次元リーマン空間は本質的に同じであると考えられる．したがって，$(D,\ d\tilde{s}^2)$のガウス曲率は $K=-1$ である．

§5.4　ガウス・ボンネの定理

曲面論において重要な定理であるガウス・ボンネ(Gauss-Bonnet)の定理を証明

するための準備をする．図のように，曲面 S 上で有限個の正則曲線 c_1，c_2，

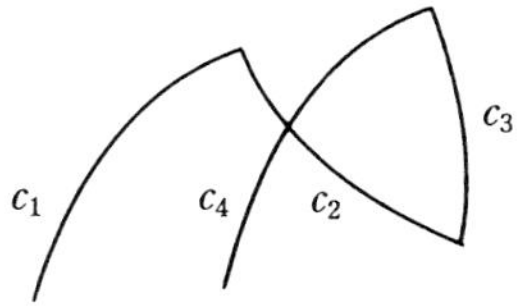

…，c_n をその端点で順次に連結して得られる曲線 c を**折れた曲線**という．くわしく言えば，S 上の連続曲線 $c: I \longrightarrow S$ $(I=[a, b])$ について，区間を部分区間 $I_1=[t_0, t_1]$，$I_2=[t_1, t_2]$，…，$I_n=[t_{n-1}, t_n]$ $(a=t_0,\ b=t_n$ とする$)$ に分割すれば，c の I_1，I_2，…，I_n への制限をそれぞれ $c_k: I_k \longrightarrow S$ $(k=1, \cdots, n)$ としたとき，c_1，c_2，…，c_k は正則曲線である．このとき，$c_k (k=1, \cdots, n)$ を折れた曲線 c の部分弧という．また，点 $c(t_0)$，$c(t_1)$，…，$c(t_n)$ を折れた曲線 c の**頂点**という．折れた曲線の端点 $c(a)$ と $c(b)$ が一致するとき，c を**折れた閉曲線**という．また，図のように，折れた閉曲線 c が自身と交わることなく，しかも１つの開板 R を囲むとき，c を**曲線多角形**という．

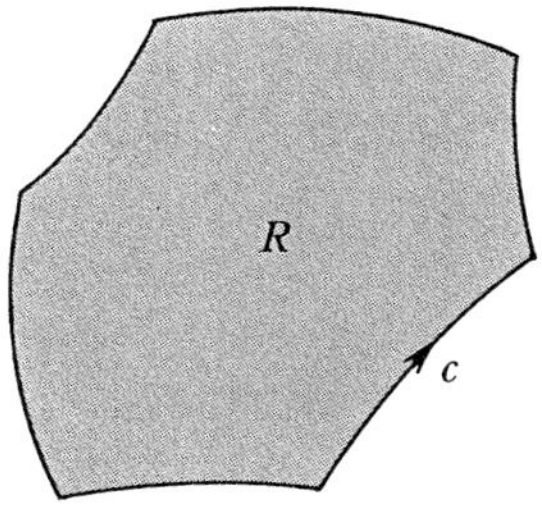

まず，曲面 S の１つの座標近傍 O 内で話を進める．S の O における局所表現を $\boldsymbol{x}=\boldsymbol{x}(u, v)$ とし，座標曲線は直交しているとする．すなわち，$F=0$ であるとする．O の各点で

$$\boldsymbol{t}_1=\frac{\boldsymbol{x}_u}{\sqrt{E}}, \qquad \boldsymbol{t}_2=\frac{\boldsymbol{x}_v}{\sqrt{G}} \tag{4.1}$$

はそれぞれ u 曲線，v 曲線に接している単位ベクトルである．なお，曲面 S の単位法ベクトルが $\boldsymbol{N}=\boldsymbol{t}_1 \times \boldsymbol{t}_2$ であるとする．さて，O の各点で u 曲線，v 曲線

の測地的曲率をそれぞれ k_1，k_2 とすれば，第４章，(4.2)，(4.4)(p.93, 94)と例題4.3(p.87)によって次の式となる．

$$k_1=-\frac{E_v}{2E\sqrt{G}},\qquad k_2=\frac{G_u}{2G\sqrt{E}} \tag{4.2}$$

座標近傍 O 内に曲線多角形 c が与えられたとする．c のパラメーター表示を $u=u(s)$，$v=v(s)$（s は弧長）とする．c の測地的曲率を k_g とすれば，第４章，定理4.5(p.98)によって，c の頂点以外の点で次の式が成り立つ．

$$k_g=\frac{d\theta}{ds}+k_1\cos\theta+k_2\sin\theta$$

ここで，c の頂点以外の点で c と u 曲線の作る角を $\theta=\theta(s)$ とした．さて，この曲線 c に沿って，上の式の両辺を積分すれば，

$$\int_c k_g\,ds=\int_c\frac{d\theta}{ds}ds+\int_c(k_1\cos\theta+k_2\sin\theta)\,ds \tag{4.3}$$

となる．いま，O 内で $F=\boldsymbol{x}_u\cdot\boldsymbol{x}_v=0$ であるから，c の単位接ベクトルを $\boldsymbol{t}$ とすれば，c 上の頂点以外の点で

$$\cos\theta=\boldsymbol{t}\cdot\boldsymbol{t}_1=\left(\boldsymbol{x}_u\frac{du}{ds}+\boldsymbol{x}_v\frac{dv}{ds}\right)\cdot\frac{\boldsymbol{x}_u}{\sqrt{E}}=\sqrt{E}\frac{du}{ds}$$

$$\sin\theta=\boldsymbol{t}\cdot\boldsymbol{t}_2=\left(\boldsymbol{x}_u\frac{du}{ds}+\boldsymbol{x}_v\frac{dv}{ds}\right)\cdot\frac{\boldsymbol{x}_v}{\sqrt{G}}=\sqrt{G}\frac{dv}{ds}$$

となる．ここで，(4.1)を利用した．これを上の(4.3)に代入すれば，

$$\int_c k_g\,ds=\int_c\frac{d\theta}{ds}ds+\int_c\left(k_1\sqrt{E}\frac{du}{ds}+k_2\sqrt{G}\frac{dv}{ds}\right)ds$$

となる．ここで，グリーンの定理(付録§4(p.132))を利用して，右辺の第２項を変形すれば，次のようになる．

$$\int_c k_g\,ds=\int_c d\theta+\iint_R\left(\frac{\partial}{\partial u}(k_2\sqrt{G})-\frac{\partial}{\partial v}(k_1\sqrt{E})\right)du\,dv$$

ここで，領域 R は曲線多角形 c の内部である．ただし，曲線多角形 c の向きと，曲面の単位法ベクトル $\boldsymbol{N}$ の関係は図のようであるとする．なお，このとき曲線多角形 c は**正の向き**をもつという．上の式に(4.2)を代入すれば，次のようになる．

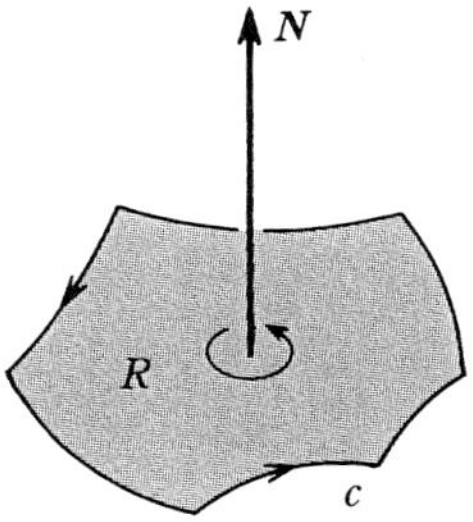

$$\int_c k_g\, ds = \int_c d\theta + \iint_R \left[\frac{\partial}{\partial u}\left(\frac{G_u}{2\sqrt{EG}} \right) + \frac{\partial}{\partial v}\left(\frac{E_v}{2\sqrt{EG}} \right) \right] du\, dv$$

さて，$g = EG - F^2 = EG$ であるから，上の式は

$$\int_c k_g\, ds = \int_c d\theta + \iint_R \frac{1}{2\sqrt{EG}} \left[\frac{\partial}{\partial u}\left(\frac{G_u}{\sqrt{EG}} \right) + \frac{\partial}{\partial v}\left(\frac{E_v}{\sqrt{EG}} \right) \right] \sqrt{g}\, du\, dv \tag{4.4}$$

となる．ところが，第 4 章，例題4.5(p.90)によれば，ガウス曲率Kは次の式で与えられる．

$$K = -\frac{1}{\sqrt{EG}} \left[\frac{\partial}{\partial u}\left(\frac{1}{\sqrt{E}} \frac{\partial\sqrt{G}}{\partial u} \right) + \frac{\partial}{\partial v}\left(\frac{1}{\sqrt{G}} \frac{\partial\sqrt{E}}{\partial v} \right) \right]$$

$$= -\frac{1}{2\sqrt{EG}} \left[\frac{\partial}{\partial u}\left(\frac{G_u}{\sqrt{EG}} \right) + \frac{\partial}{\partial v}\left(\frac{E_v}{\sqrt{EG}} \right) \right]$$

これを(4.4)に代入すれば，次の公式となる．

$$\int_c k_g\, ds = \int_c d\theta - \iint_R K\, d\sigma \tag{4.5}$$

ここで，$d\sigma = \sqrt{g}\, du\, dv$ は曲面の微小面分の面積を表す面積素である（第 3 章，§3.3(p.52)参照）．

さて，次の図のように曲線多角形の外角を α_1，α_2，…，α_n とすれば，

$$\int_c d\theta + \sum_{i=1}^{n} \alpha_i = 2\pi$$

が成り立つ．したがって，上の(4.5)によって次の定理が成り立つ．

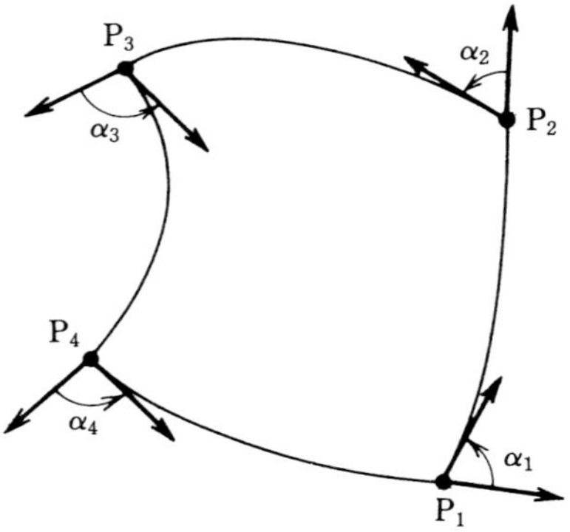

定理 5.9 曲面Sの曲線多角形cが1つの座標近傍に含まれていて，正の向きをもっていれば，次の式が成り立つ．

$$\int_c k_g\,ds+\iint_R K\,d\sigma=2\pi-\sum_{i=1}^{n}\alpha_i \tag{4.6}$$

ここで，領域Rはcの内部であり，α_1，α_2，…，α_nはcの外角である． ◇

さて，図のように，曲線多角形c_1，c_2があり，正の向きをもっているとし，弧$\widehat{\mathrm{PQ}}$を共有しているとする．また，c_1，c_2の内部の領域をそれぞれR_1，R_2と

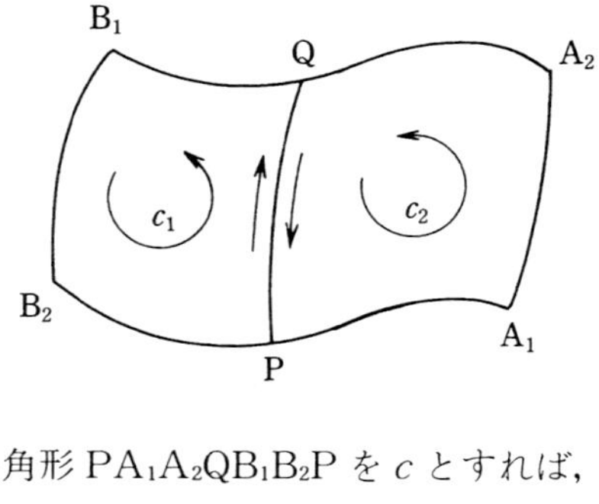

し，図のように曲線多角形$\mathrm{PA_1A_2QB_1B_2P}$をcとすれば，cの内部の領域は$R=R_1\cup R_2$である．このとき，

$$\int_{\widehat{\mathrm{PQ}}} k_g\,ds=-\int_{\widehat{\mathrm{QP}}} k_g\,ds,\qquad \int_{\widehat{\mathrm{PQ}}} d\theta=-\int_{\widehat{\mathrm{QP}}} d\theta$$

が成り立つから，

$$\int_{c_1} k_g\, ds + \int_{c_2} k_g\, ds = \int_c k_g\, ds$$

が成り立つ．また明らかに

$$\iint_{R_1} K\, d\sigma + \iint_{R_2} K\, d\sigma = \iint_R K\, d\sigma$$

が成り立つ．ゆえに，1つの座標近傍に含まれているとは限らない曲線多角形 c とその内部の領域 R についても公式(4.5)が成り立つ．したがって公式(4.6)も成り立つ．まとめて，次の定理となる．この定理を**ガウス・ボンネの定理**という．

定理 5.10　向きをもった単一曲面 S 上の曲線多角形 c の内部の領域を R とする．c は正の向きをもち，その測地的曲率を k_g とする．さらに，曲面 S のガウス曲率を K とする．このとき，曲線多角形 c の外角の和を $\sum_i \alpha_i$ とすれば，次の式が成り立つ．

$$\int_c k_g\, ds + \iint_R K\, d\sigma = 2\pi - \sum_i \alpha_i \qquad \diamondsuit \tag{4.7}$$

単一曲面 S が E^3 の中で有界な閉集合であるとき，S の境界 ∂S は空集合であることを証明できる．そこで，有界な閉集合になっている単一曲面を**閉曲面**という．閉曲面 S を図のように有限個の開板と同位相な領域 D_1, …, D_f に分割し，各領域 D_i の境界 c_i は曲線多角形であるとする($i=1$, …, f)．ここで，領域 D_i の個数を f とする．さて，c_i と D_i について，ガウス・ボンネの定理5.10によって次の式が成り立つ．

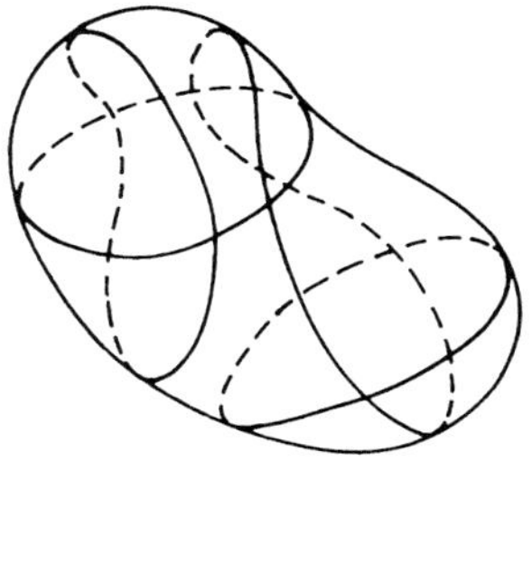

$$\int_{c_i} k_g\, ds + \iint_{D_i} K\, d\sigma = 2\pi - k_i\pi + \sum_{j=1}^{k_i} \beta_{ij} \tag{4.8}$$

ここで，k_i は D_i の辺の個数であり，$\sum_{j=1}^{k_i}\beta_{ij}$ は D_i の k_i 個の頂点の内角 β_{ij} の和である $(i=1,\ \cdots,\ f)$．この分割に現れる辺の個数を e，頂点の個数を v とする．上の(4.8)を $i=1,\ \cdots,\ f$ について作り，それらを辺々加え合せると

$$\sum_{i=1}^{f}\int_{c_i} k_g\, ds + \sum_{i=1}^{f}\iint_{D_i} K\, d\sigma = 2\pi f - \pi\sum_{i=1}^{f} k_i + \sum_{i=1}^{f}\sum_{j=1}^{k_i}\beta_{ij} \tag{4.9}$$

となる．左辺の第1項の線積分において，積分路 $c_1,\ c_2,\ \cdots,\ c_f$ の各辺は2度現れ，しかも反対向きに現れるから，

$$\sum_{i=1}^{f}\int_{c_i} k_g\, ds = 0, \qquad \sum_{i=1}^{f} k_i = 2e$$

である．さらに，

$$\sum_{i=1}^{f}\sum_{j=1}^{k_i}\beta_{ij} = 2\pi v$$

である．また，明らかに

$$\sum_{i=1}^{f}\iint_{D_i} K\, d\sigma = \iint_S K\, d\sigma$$

が成り立つ．これらの式を(4.9)に代入すれば，

$$\iint_S K\, d\sigma = 2\pi(f-e+v)$$

となる．ここで，

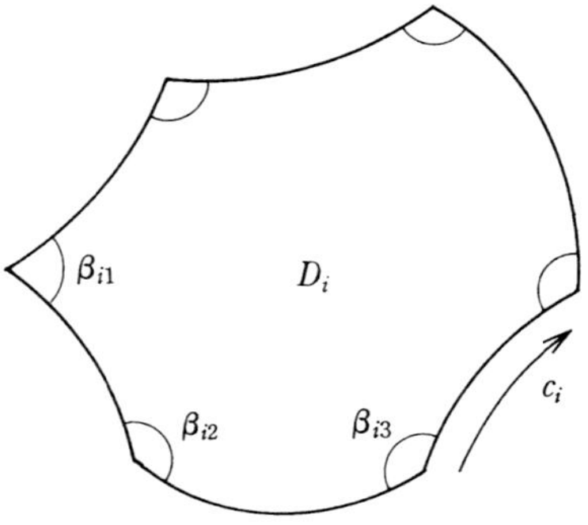

$$\chi(S)=f-e+v$$

は閉曲面Sの**オイラー**(Euler)**の特性数**とよばれている．まとめて，次の**ガウス・ボンネの定理**となる．

定理 5.11　向きをもつ閉曲面Sのガウス曲率をKとすれば，

$$\iint_S K\,d\sigma=2\pi\chi(S) \tag{4.10}$$

が成り立つ．　◇

上の(4.10)の左辺

$$\iint_S K\,d\sigma$$

を向きをもった閉曲面Sの**総曲率**または**積分曲率**という．

さて，閉曲面Sのオイラーの特性数$\chi(S)$は曲面の分割の仕方に無関係に定まる整数で，閉曲面Sと位相幾何学的に同形な閉曲面$\tilde{S}$について$\chi(S)=\chi(\tilde{S})$が成り立つ．したがって，$\chi(S)$は閉曲面Sの位相幾何学的不変量である．いくつかの閉曲面Sについて，オイラーの特性数$\chi(S)$を示せば，図のようになる．

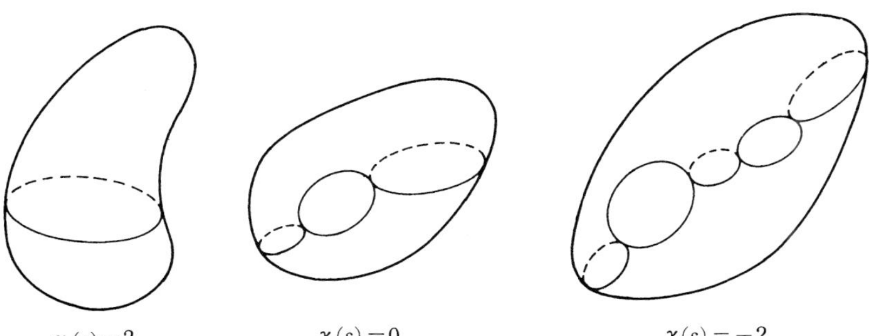

$\chi(s)=2$　　$\chi(s)=0$　　$\chi(s)=-2$

測地多角形　曲面上の曲線多角形のn個の辺c_1，c_2，…，c_nがすべて測地線であるとき，これを**測地 *n* 角形**という．このとき，c_1，c_2，…，c_nの測地的曲率k_gは0であるから，測地多角形の内部の領域をDとすれば，(4.7)によって

$$\iint_D K\,d\sigma = 2\pi-(\pi-A_1)-(\pi-A_2)-\cdots-(\pi-A_n)$$

が成り立つ．ここで，A_1，A_2，…，A_n はこの測地多角形の内角である．ゆえに，

$$\iint_D K\,d\sigma = (A_1+A_2+\cdots+A_n)-(n-2)\pi \tag{4.11}$$

測地三角形　測地三角形において，(4.11)によって

$$\iint_D K\,d\sigma = (A+B+C)-\pi \tag{4.12}$$

が成り立つ．ここで，A，B，C は内角である．

測地二角形　左側の図のように，球面上に対極点（1つの直径の両端点）P，Qをとり，PとQを結ぶ2つの半大円（測地線）c_1，c_2 を考えれば，測地二角形を作れる．一般に，単一曲面上で測地二角形について，(4.11)によって

$$\iint_D K\,d\sigma = A+B \tag{4.13}$$

が成り立つ．ここで，A，B は内角である．

測地一角形　右側の図のような測地一角形について，(4.11)によって

$$\iint_D K\,d\sigma = A+\pi \tag{4.14}$$

が成り立つ．ここで，A は内角である．

閉測地線　至る所で滑らかな（とがった所がない）閉じた測地線を**閉測地線**

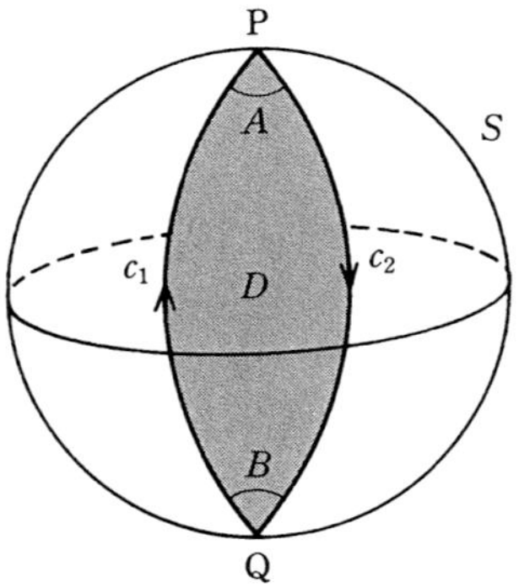

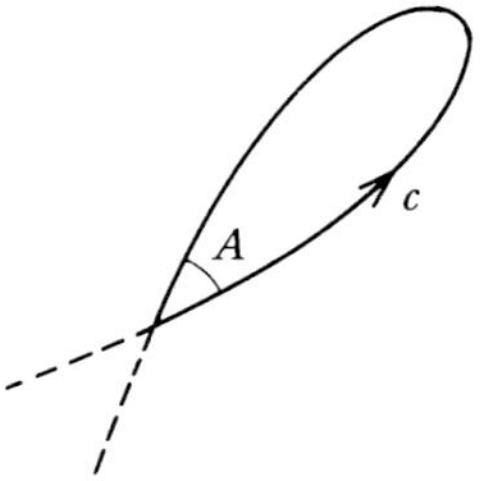

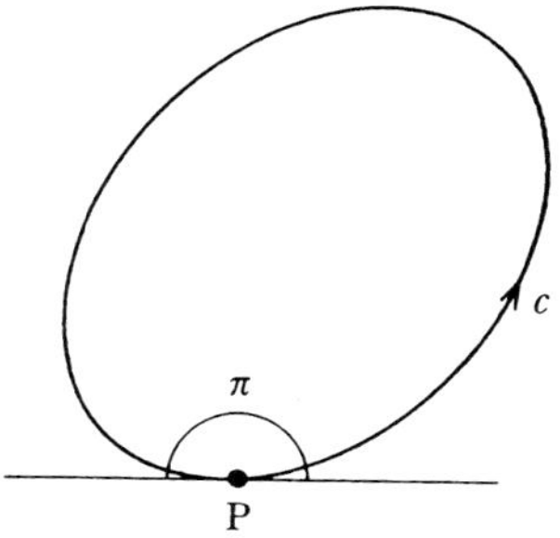

という．閉測地線 c が開板 D をかこむとき，

$$\iint_D K\,d\sigma = 2\pi \qquad (4.15)$$

が成り立つ．このことは，図のように閉測地線 c 上に1点Pをとり，これをPを頂点とする測地一角形と考え，内角は π であるとみなし，(4.14)で $A=\pi$ とすれば，(4.15)が成り立つ．

定曲率曲面上の測地三角形　定曲率曲面のガウス曲率 K の符号によって，(4.12)を書き分ければ，次のことが成り立つ．なお，測地三角形の面積を S とし，内角を A，B，C とする．このとき，

（i）　$K=0$ ならば，　$A+B+C-\pi=0$　　$\therefore$　$A+B+C=\pi$

（ii）　$K=\dfrac{1}{a^2}>0$ ならば，　$A+B+C-\pi=\dfrac{S}{a^2}$　　$\therefore$　$A+B+C>\pi$

（iii）　$K=-\dfrac{1}{a^2}<0$ ならば，　$A+B+C-\pi=-\dfrac{S}{a^2}$　　$\therefore$　$A+B+C<\pi$

上の（i）は平面上の三角形の内角和は π に等しいことに相当する．（ii）は球面上の測地三角形の内角和についての球面三角法の公式に相当する．（iii）は双曲的非ユークリッド平面上の三角形の内角の和についての公式に相当する．

演習問題　5

［A］

1.　曲面S上ですべての連続な閉曲線をS内で連続変形して1点に収縮できるとき，曲面Sは**単連結**であるという．単連結な曲面において，任意の閉じた，折れた曲線は曲線多角形であることを利用して，次のことを証明せよ．

ガウス曲率が至る所で正でない，単連結な曲面では

(i)　同一の点Pから出発する測地線は点P以外の点で交わらない．

(ii)　測地線は二重点をもたない．

(iii)　閉測地線は存在しない．

2.　球面Sの総曲率は4πであることを証明せよ．

3.　トーラスSの総曲率は0であることを証明せよ．

［B］

1.　双曲的非ユークリッド平面Mにおいて(3.10)(p.113)で与えられたポアンカレ計量ds^2を考える．a，b，c，dを実数として$z'=\dfrac{az+b}{cz+d}$ $(ad-bc\neq 0)$によって，zにz'を対応させる写像はMをM自身の上に写す．この写像は等長写像である．このことを証明せよ．

2.　変換(3.20)(p.116)はz平面上の円または直線をw平面上の円または直線に移すことが知られている．また，変換(3.20)は2つの曲線の交角を保つことも知られている．このことを利用して双曲的非ユークリッド平面$(D,\ d\tilde{s}^2)$の測地線はw平面上の円$|w|=1$に直交する円または直線のD内にある部分であることを証明せよ．

付　録

§1.　外積の分配法則

次の演算法則(p.4)を証明する．

$$\boldsymbol{a}\times(\boldsymbol{b}+\boldsymbol{c})=\boldsymbol{a}\times\boldsymbol{b}+\boldsymbol{a}\times\boldsymbol{c}$$

［**証明**］　この公式は $\boldsymbol{a}=\boldsymbol{0}$ のときには明らかに成立する．したがって，$\boldsymbol{a}\neq\boldsymbol{0}$ であるとしてこの公式を証明する．まず，$\boldsymbol{a}$ に垂直な平面 π 上への $\boldsymbol{b}$ の正射影を $\boldsymbol{b}'$ とする．このとき，$\boldsymbol{a}$，$\boldsymbol{b}$ を 2 辺とする平行四辺形と $\boldsymbol{a}$，$\boldsymbol{b}'$ を 2 辺とする平行四辺形の面積は等しい．ゆえに，$\|\boldsymbol{a}\times\boldsymbol{b}\|=\|\boldsymbol{a}\times\boldsymbol{b}'\|$ である．明らかに，$\boldsymbol{a}\times\boldsymbol{b}$ と $\boldsymbol{a}\times\boldsymbol{b}'$ は平行であり，向きが一致している．ゆえに，$\boldsymbol{a}\times\boldsymbol{b}=\boldsymbol{a}\times\boldsymbol{b}'$ である．また，同様にして，$\boldsymbol{c}$ の平面 π 上への正射影を $\boldsymbol{c}'$ とすれば，$\boldsymbol{a}\times\boldsymbol{c}=\boldsymbol{a}\times\boldsymbol{c}'$ である．さらに，$\boldsymbol{b}+\boldsymbol{c}$ の平面 π 上への正射影は $\boldsymbol{b}'+\boldsymbol{c}'$ であるから $\boldsymbol{a}\times(\boldsymbol{b}+\boldsymbol{c})=\boldsymbol{a}\times(\boldsymbol{b}'+\boldsymbol{c}')$ である．ゆえに，$\boldsymbol{a}\times(\boldsymbol{b}'+\boldsymbol{c}')=\boldsymbol{a}\times\boldsymbol{b}'+\boldsymbol{a}\times\boldsymbol{c}'$ を証明すれば，上の公式が証明されたことになる．

さて，平面 π を紙面とみたて，ベクトル $\boldsymbol{a}$ は紙面の裏から表に貫ぬいているとする．ベクトル $\boldsymbol{b}'$，$\boldsymbol{c}'$，$\boldsymbol{a}\times\boldsymbol{b}'$，$\boldsymbol{a}\times\boldsymbol{c}'$ は平面 π 上にあって，$\boldsymbol{b}'$，$\boldsymbol{c}'$，$\boldsymbol{b}'+\boldsymbol{c}'$ を 90° 回転し，$\|\boldsymbol{a}\|$ 倍すればそれぞれ $\boldsymbol{a}\times\boldsymbol{b}'$，$\boldsymbol{a}\times\boldsymbol{a}'$，$\boldsymbol{a}\times(\boldsymbol{b}'+\boldsymbol{c}')$ が得られる．

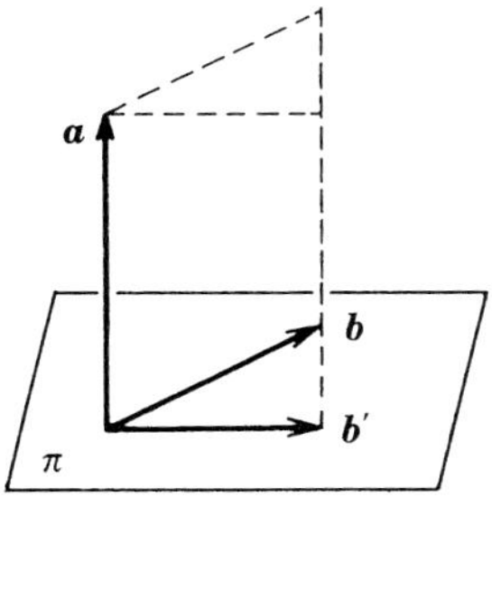

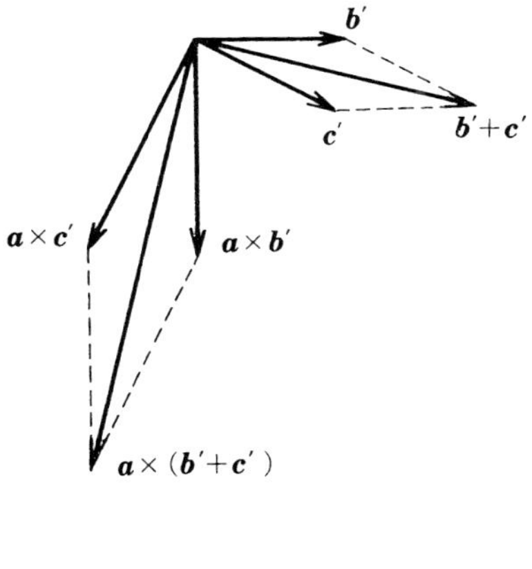

ところが, $\boldsymbol{b}'+\boldsymbol{c}'$ は $\boldsymbol{b}'$, $\boldsymbol{c}'$ を2辺とする平行四辺形の対角線であるから, $\boldsymbol{a}\times(\boldsymbol{b}'+\boldsymbol{c}')$ は $\boldsymbol{a}\times\boldsymbol{b}'$, $\boldsymbol{a}\times\boldsymbol{c}'$ を2辺とする平行四辺形の対角線である. ゆえに, $\boldsymbol{a}\times(\boldsymbol{b}'+\boldsymbol{c}')=\boldsymbol{a}\times\boldsymbol{b}'+\boldsymbol{a}\times\boldsymbol{c}'$ が成り立つ. 以上で証明が終った. ◇

§2. 空間曲線の一意性

定理 2.13(p.30) 開区間 I 上で定義された2つの正則曲線 c と c^* がそれぞれ自然なパラメーター表示 $\boldsymbol{x}=\boldsymbol{x}(s)$ $(s\in I)$ と $\boldsymbol{x}=\boldsymbol{x}^*(s)$ $(s\in I)$ で表されている(パラメーター s は c と c^* に共通であって, それぞれの弧長である). c と c^* の曲率をそれぞれ $k(s)$, $k^*(s)$, c と c^* の振率をそれぞれ $\tau(s)$, $\tau^*(s)$ とする. もしも

$$k(s)=k^*(s), \qquad \tau(s)=\tau^*(s) \qquad (s\in I)$$

であれば, 曲線 c と c^* は合同である. ◇

[**証明**] 区間 I 内に定数 s_0 をとる. c と c^* のフルネ標構をそれぞれ $\{\boldsymbol{t}, \boldsymbol{n}, \boldsymbol{b}\}$ と $\{\boldsymbol{t}^*, \boldsymbol{n}^*, \boldsymbol{b}^*\}$ とすれば, これらは正規直交系を形成する. さて, 点 $\boldsymbol{x}^*(s_0)$ を点 $\boldsymbol{x}(s_0)$ に移し, ベクトル $\boldsymbol{t}^*(s_0)$, $\boldsymbol{n}^*(s_0)$, $\boldsymbol{b}^*(s_0)$ をそれぞれ $\boldsymbol{t}(s_0)$, $\boldsymbol{n}(s_0)$, $\boldsymbol{b}(n_0)$ に移動する運動 T はただ1つ存在する. さて, 曲線 c^* を運動 T で移動して得られる曲線を $\tilde{c}$: $\boldsymbol{x}=\tilde{\boldsymbol{x}}(s)$ $(s\in I)$ とすれば $\tilde{\boldsymbol{x}}(s)=T(\boldsymbol{x}^*(s))$, ここで s は $\tilde{c}$ の弧長である. また, $\tilde{\boldsymbol{t}}=T(\boldsymbol{t}^*)$, $\tilde{\boldsymbol{n}}=T(\boldsymbol{n}^*)$, $\tilde{\boldsymbol{b}}=T(\boldsymbol{b}^*)$ とすれば, $\{\tilde{\boldsymbol{t}}, \tilde{\boldsymbol{n}}, \tilde{\boldsymbol{b}}\}$ は $\tilde{c}$ のフルネ標構であり, $\tilde{c}$ の曲率 $\tilde{k}(s)$, 振率 $\tilde{\tau}(s)$ はそれぞれ $k^*(s)$, $\tau^*(s)$ に等しい. 以下で, c と $\tilde{c}$ が一致することを証明すれば定理は証明されたことになる.

c と $\tilde{c}$ のフルネの公式, $k(s)=\tilde{k}(s)$, $\tau(s)=\tilde{\tau}(s)$ を利用して, 次の計算をする.

$$\frac{d}{ds}(\boldsymbol{t}\cdot\tilde{\boldsymbol{t}})=\boldsymbol{t}'\cdot\tilde{\boldsymbol{t}}+\boldsymbol{t}\cdot\tilde{\boldsymbol{t}}'=k(\tilde{\boldsymbol{t}}\cdot\boldsymbol{n}+\boldsymbol{t}\cdot\tilde{\boldsymbol{n}})$$

$$\frac{d}{ds}(\boldsymbol{n}\cdot\tilde{\boldsymbol{n}})=\boldsymbol{n}'\cdot\tilde{\boldsymbol{n}}+\boldsymbol{n}\cdot\tilde{\boldsymbol{n}}'=-k(\boldsymbol{t}\cdot\tilde{\boldsymbol{n}}+\tilde{\boldsymbol{t}}\cdot\boldsymbol{n})+\tau(\boldsymbol{b}\cdot\tilde{\boldsymbol{n}}+\tilde{\boldsymbol{b}}\cdot\boldsymbol{n})$$

$$\frac{d}{ds}(\boldsymbol{b}\cdot\tilde{\boldsymbol{b}})=\boldsymbol{b}'\cdot\tilde{\boldsymbol{b}}+\boldsymbol{b}\cdot\tilde{\boldsymbol{b}}'=-\tau(\boldsymbol{n}\cdot\tilde{\boldsymbol{b}}+\tilde{\boldsymbol{n}}\cdot\boldsymbol{b})$$

したがって, これらを辺々加え合せれば,

$$\frac{d}{ds}(\boldsymbol{t}\cdot\tilde{\boldsymbol{t}}+\boldsymbol{n}\cdot\tilde{\boldsymbol{n}}+\boldsymbol{b}\cdot\tilde{\boldsymbol{b}})=0$$

$$\therefore\quad \boldsymbol{t}\cdot\tilde{\boldsymbol{t}}+\boldsymbol{n}\cdot\tilde{\boldsymbol{n}}+\boldsymbol{b}\cdot\tilde{\boldsymbol{b}}=c\qquad (c\text{ は定数})$$

ところが，$\boldsymbol{t}(s_0)=\tilde{\boldsymbol{t}}(s_0)$，$\boldsymbol{n}(s_0)=\tilde{\boldsymbol{n}}(s_0)$，$\boldsymbol{b}(s_0)=\tilde{\boldsymbol{b}}(s_0)$であるから，上の式の右辺にある定数$k$は3に等しい．したがって，

$$\boldsymbol{t}\cdot\tilde{\boldsymbol{t}}+\boldsymbol{n}\cdot\tilde{\boldsymbol{n}}+\boldsymbol{b}\cdot\tilde{\boldsymbol{b}}=3 \qquad \text{(a)}$$

さて，$\boldsymbol{t}$，$\boldsymbol{n}$，$\boldsymbol{b}$，$\tilde{\boldsymbol{t}}$，$\tilde{\boldsymbol{n}}$，$\tilde{\boldsymbol{b}}$はすべて単位ベクトルであるから，

$$-1\leqq\boldsymbol{t}\cdot\tilde{\boldsymbol{t}}\leqq1,\qquad -1\leqq\boldsymbol{n}\cdot\tilde{\boldsymbol{n}}\leqq1,\qquad -1\leqq\boldsymbol{b}\cdot\tilde{\boldsymbol{b}}\leqq1$$

である．これらの不等式と(a)によって，$\boldsymbol{t}\cdot\tilde{\boldsymbol{t}}=\boldsymbol{n}\cdot\tilde{\boldsymbol{n}}=\boldsymbol{b}\cdot\tilde{\boldsymbol{b}}=1$ が得られる．ゆえに，

$$\boldsymbol{t}=\tilde{\boldsymbol{t}},\qquad \boldsymbol{b}=\tilde{\boldsymbol{b}},\qquad \boldsymbol{n}=\tilde{\boldsymbol{n}}$$

が成り立つ．

次に，$\boldsymbol{t}=\boldsymbol{x}'$，$\tilde{\boldsymbol{t}}=\tilde{\boldsymbol{x}}'$ であるから，$\boldsymbol{t}=\tilde{\boldsymbol{t}}$ は次のようになる．

$$\frac{d\boldsymbol{x}(s)}{ds}=\frac{d\tilde{\boldsymbol{x}}(s)}{ds}$$

$$\therefore\quad \boldsymbol{x}(s)=\tilde{\boldsymbol{x}}(s)+\boldsymbol{c}\qquad (\boldsymbol{c}\text{ は定ベクトル})$$

しかし，$\boldsymbol{x}(s_0)=\tilde{\boldsymbol{x}}(s_0)$であるから，上の式で$\boldsymbol{c}=\boldsymbol{0}$である．ゆえに，$\boldsymbol{x}(s)=\tilde{\boldsymbol{x}}(s)$ $(s\in I)$，すなわち曲線cと$\tilde{c}$は一致する．　◇

§3．曲面の一意性

連立偏微分方程式の解の性質　定理4.2(p.92)を証明するための準備として，連立偏微分方程式の性質について述べる．2変数(u^1, u^2)を独立変数とし，k個の未知関数 $f_1=f_1(u^1, u^2)$，$f_2=f_2(u^1, u^2)$，…，$f_k=f_k(u^1, u^2)$についての連立偏微分方程式

$$\frac{\partial f_1}{\partial u^1}=P_{11}^1 f_1+P_{11}^2 f_2+\cdots+P_{11}^k f_k,\qquad \frac{\partial f_1}{\partial u^2}=P_{12}^1 f_1+P_{12}^2 f_2+\cdots+P_{12}^k f_k$$

$$\cdots\cdots\cdots\cdots\cdots\cdots\cdots\cdots\cdots\cdots\cdots\cdots$$

$$\frac{\partial f_k}{\partial u^1}=P_{1k}^1 f_1+P_{1k}^2 f_2+\cdots+\mathrm{P}_{1k}^k f_k,\qquad \frac{\partial f_k}{\partial u^2}=P_{2k}^1 f_1+P_{2k}^2 f_2+\cdots+P_{2k}^k f_k$$

すなわち，

$$\frac{\partial f_i}{\partial u^\alpha}=\sum_{h=1}^{k} P_{i\alpha}^{h} f_h \qquad (i,\ h=1,\ 2,\ \cdots,\ k\ ;\ \alpha=1,\ 2) \qquad (3.1)$$

を考える．ただし，右辺の係数 $P_{i\alpha}^{h}=P_{i\alpha}^{h}(u^1,\ u^2)$ は 2 変数 $(u^1,\ u^2)$ の領域 D で C^∞ 関数である $(i,\ h=1,\ 2,\ \cdots,\ k\ ;\ \alpha=1,\ 2)$ とする．

さて，連立偏微分方程式(3.1)は明らかに自明な解

$$f_1=0, \qquad f_2=0, \qquad \cdots, \qquad f_k=0$$

をもつ．逆に，次のことが成り立つことが知られているが，その証明を省略する．

領域 D 内に 1 点 $(u_0^1,\ u_0^2)$ をとる．連立偏微分方程式(3.1)の 1 つの解 "$f_1=f_1(u^1,\ u^2)$，$f_2=f_2(u^1,\ u^2)$，$\cdots$，$f_k=f_k(u^1,\ u^2)$" が

$$f_1(u_0^1,\ u_0^2)=f_2(u_0^1,\ u_0^2)=\cdots=f_k(u_0^1,\ u_0^2)=0$$

を満たしていれば，この解は自明な解 "$f_1=0$，$f_2=0$，$\cdots$，$f_k=0$" である．

定理 4.2(p.92)　2 つの局所曲面 S，S^* が同一の第 1 基本量，第 2 基本量をもてば，S と S^* は合同である．　◇

［**証明**］　局所曲面 S，S^* のパラメーター表示をそれぞれ

$$\boldsymbol{x}=\boldsymbol{x}(u^1,\ u^2), \qquad \boldsymbol{x}=\boldsymbol{x}^*(u^1,\ u^2) \qquad ((u^1,\ u^2)\in U)$$

とし，それぞれの単位法ベクトルを $\boldsymbol{N}$，$\boldsymbol{N}^*$ とする．U 内に 1 点 $(u_0^1,\ u_0^2)$ をとり，

$$(\boldsymbol{x}_1)_0=\boldsymbol{x}_1(u_0^1,\ u_0^2), \qquad (\boldsymbol{x}_2)_0=\boldsymbol{x}_2(u_0^1,\ u_0^2), \qquad \boldsymbol{N}_0=\boldsymbol{N}(u_0^1,\ u_0^2)$$
$$(\boldsymbol{x}_1^*)_0=\boldsymbol{x}_1^*(u_0^1,\ u_0^2), \qquad (\boldsymbol{x}_2^*)_0=\boldsymbol{x}_2^*(u_0^1,\ u_0^2), \qquad \boldsymbol{N}_0^*=\boldsymbol{N}^*(u_0^1,\ u_0^2)$$

とする．このとき，S，S^* の第 1 基本量をそれぞれ $g_{\alpha\beta}$，$g_{\alpha\beta}^*$ とすれば，仮定により $g_{\alpha\beta}=g_{\alpha\beta}^*$ であるから，

$$(\boldsymbol{x}_\alpha)_0\cdot(\boldsymbol{x}_\beta)_0=g_{\alpha\beta}(u_0^1,\ u_0^2)=g_{\alpha\beta}^*(u_0^1,\ u_0^2)=(\boldsymbol{x}_\alpha^*)_0\cdot(\boldsymbol{x}_\beta^*)_0$$
$$\boldsymbol{N}_0\cdot\boldsymbol{N}_0=1=\boldsymbol{N}_0^*\cdot\boldsymbol{N}_0^*, \qquad \boldsymbol{N}_0\cdot(\boldsymbol{x}_\alpha)_0=0=\boldsymbol{N}_0^*\cdot(\boldsymbol{x}_\alpha^*)_0$$

であるから，3 つのベクトル $(\boldsymbol{x}_1)_0$, $(\boldsymbol{x}_2)_0$, $\boldsymbol{N}_0$ の作る図形と 3 つのベクトル $(\boldsymbol{x}_1^*)_0$, $(\boldsymbol{x}_2^*)_0$，$\boldsymbol{N}_0^*$ の作る図形は合同である．ゆえに，点 $\boldsymbol{x}_0=\boldsymbol{x}_0(u_0^1,\ u_0^2)$ を点 $\boldsymbol{x}_0^*=\boldsymbol{x}^*(u_0^1,\ u_0^2)$ に移し，ベクトル $(\boldsymbol{x}_1)_0$, $(\boldsymbol{x}_2)_0$, $\boldsymbol{N}_0$ をそれぞれベクトル $(\boldsymbol{x}_1^*)_0$, $(\boldsymbol{x}_2^*)_0$,

N_0^* に移す運動Tがただ1つ存在する．

曲面 S^* をこの運動Tで移動して得られる曲面 $\tilde{S}$ とし，曲面 $\tilde{S}$ の第1，第2基本量をそれぞれ $\tilde{g}_{\alpha\beta}$，$\tilde{h}_{\alpha\beta}$ とすれば，$\tilde{g}_{\alpha\beta}=g^*_{\alpha\beta}$，$\tilde{h}_{\alpha\beta}=h^*_{\alpha\beta}$ である．さて，仮定によって $g_{\alpha\beta}=g^*_{\alpha\beta}$，$h_{\alpha\beta}=h^*_{\alpha\beta}$ であるから，$g_{\alpha\beta}=\tilde{g}_{\alpha\beta}$，$h_{\alpha\beta}=\tilde{h}_{\alpha\beta}$ である．つまり，2つの曲面S，$\tilde{S}$ は同一の第1，第2基本量をもつ．また，2つの局所曲面のパラメーター表示をそれぞれ $\boldsymbol{x}=\boldsymbol{x}(u^1,\ u^2)$，$\boldsymbol{x}=\tilde{\boldsymbol{x}}(u^1,\ u^2)$ $((u^1,\ u^2)\in U)$ とする．この2つの曲面S，$\tilde{S}$ が一致することを証明すれば，与えられたS，S^* は合同になるから，証明が完了したことになる．

2つの局所曲面S，$\tilde{S}$ が一致することを証明しよう．さて，S，$\tilde{S}$ は同一の第1，第2基本量をもつから，S と $\tilde{S}$ のガウス・ワインガルテンの方程式（第4章，(1.1) (p.83)，(1.4) (p.85)は，共通の $g_{\alpha\beta}$，$\left\{ {\gamma \atop \alpha\beta} \right\}$，$h_{\alpha\beta}$，$h_\beta{}^\alpha$ を用いてそれぞれ次のようになる．

$$\frac{\partial \boldsymbol{x}_\alpha}{\partial u^\beta}=\sum_\gamma \left\{ {\gamma \atop \alpha\beta} \right\} \boldsymbol{x}_\gamma+h_{\alpha\beta}\boldsymbol{N}, \qquad \frac{\partial \boldsymbol{N}}{\partial u^\beta}=-\sum_\alpha h_\beta{}^\alpha \boldsymbol{x}_\alpha$$
$$\frac{\partial \tilde{\boldsymbol{x}}_\alpha}{\partial u^\beta}=\sum_\gamma \left\{ {\gamma \atop \alpha\beta} \right\} \tilde{\boldsymbol{x}}_\gamma+h_{\alpha\beta}\tilde{\boldsymbol{N}}, \qquad \frac{\partial \tilde{\boldsymbol{N}}}{\partial u^\beta}=-\sum_\alpha h_\beta{}^\alpha \tilde{\boldsymbol{x}}_\alpha \tag{3.2}$$

ここで，$\tilde{\boldsymbol{N}}$ は曲面 $\tilde{S}$ の単位法ベクトルである．いま，

$$\boldsymbol{y}_\alpha=\tilde{\boldsymbol{x}}_\alpha(u^1,\ u^2)-\boldsymbol{x}_\alpha(u^1,\ u^2), \qquad \boldsymbol{Y}=\tilde{\boldsymbol{N}}-\boldsymbol{N}$$

とおけば，上の(3.2)によって，次の方程式が成り立つ．

$$\frac{\partial \boldsymbol{y}_\alpha}{\partial u^\beta}=\sum_\gamma \left\{ {\gamma \atop \alpha\beta} \right\} \boldsymbol{y}_\gamma+h_{\alpha\beta}\boldsymbol{Y}$$
$$\frac{\partial \boldsymbol{Y}}{\partial u^\beta}=-\sum_\alpha h_\beta{}^\alpha \boldsymbol{y}_\alpha \tag{3.3}$$

ところが，$\tilde{\boldsymbol{x}}_\alpha(u_0{}^1,\ u_0{}^2)=(\tilde{\boldsymbol{x}}_\alpha)_0=\boldsymbol{x}_\alpha(u_0{}^1,\ u_0{}^2)$，$\tilde{\boldsymbol{N}}(u_0{}^1,\ u_0{}^2)=\boldsymbol{N}_0=\boldsymbol{N}(u_0{}^1,\ u_0{}^2)$ であるから，

$$\boldsymbol{y}_\alpha(u_0{}^1,\ u_0{}^2)=\boldsymbol{0}, \qquad \boldsymbol{Y}(u_0{}^1,\ u_0{}^2)=\boldsymbol{0} \tag{3.4}$$

である．したがって，(3.3)と(3.4)によって

$$\boldsymbol{y}_\alpha(u^1,\ u^2)=\boldsymbol{0}, \qquad \boldsymbol{Y}(u^1,\ u^2)=\boldsymbol{0}$$

が成り立つ(ここで，最初に述べた連立偏微分方程式の性質を利用した)．ゆえに，

$$\tilde{\boldsymbol{x}}_\alpha(u^1,\ u^2)=\boldsymbol{x}_\alpha(u^1,\ u^2) \qquad \therefore\quad \frac{\partial\tilde{\boldsymbol{x}}(u^1,\ u^2)}{\partial u^\alpha}=\frac{\partial\boldsymbol{x}(u^1,\ u^2)}{\partial u^\alpha}$$

$$\therefore\quad \tilde{\boldsymbol{x}}(u^1,\ u^2)=\boldsymbol{x}(u^1,\ u^2)+\boldsymbol{c} \qquad (\boldsymbol{c}\text{ は定ベクトル})$$

ところが，$\tilde{\boldsymbol{x}}(u_0{}^1,\ u_0{}^2)=\boldsymbol{x}(u_0{}^1,\ u_0{}^2)$ であるから，$\boldsymbol{c}=\boldsymbol{0}$ であって

$$\tilde{\boldsymbol{x}}(u^1,\ u^2)=\boldsymbol{x}(u^1,\ u^2) \qquad ((u^1,\ u^2)\in U)$$

となる．ゆえに，曲面 S と $\tilde{S}$ は一致する． ◇

§4. グリーンの定理

xy 平面上の領域 D で定義された C^∞ 関数 $M=M(x,\ y)$，$N=N(x,\ y)$ をとる．D 内に曲線多角形 c（c は有限個の正則曲線を連結してできた閉曲線で，c の内部の領域 R が開板である）の内部の領域を R とする．c のパラメーター表示を $x=x(t)$，$y=y(t)$ $(a\leqq t\leqq b)$ $(x(a)=x(b),\ y(a)=y(b))$ とする．このとき，次の**グリーン(Green)の公式**が成り立つ．ただし，c には反時計方向の向きがつけてあるとする．）まず，

$$\int_a^b\left\{M(x(t),\ y(t))\frac{dx(t)}{dt}+N(x(t),\ y(t))\frac{dy(t)}{dt}\right\}dt=\int_c(M\ dx+N\ dy)$$

とおくと，

$$\int_c(M\ dx+N\ dy)=\iint_R\left(\frac{\partial N}{\partial x}-\frac{\partial M}{\partial y}\right)dx\ dy$$

［**証明**］ まず，図のように，c と各軸に平行な直線がたかだか 2 点で交わる場合に，この公式を証明しよう．図の記号を使って，曲線 AEB と曲線 AFB の方程式をそれぞれ $y=Y_1(x)$，$y=Y_2(x)$ $(a\leqq x\leqq b)$ とする．さて，

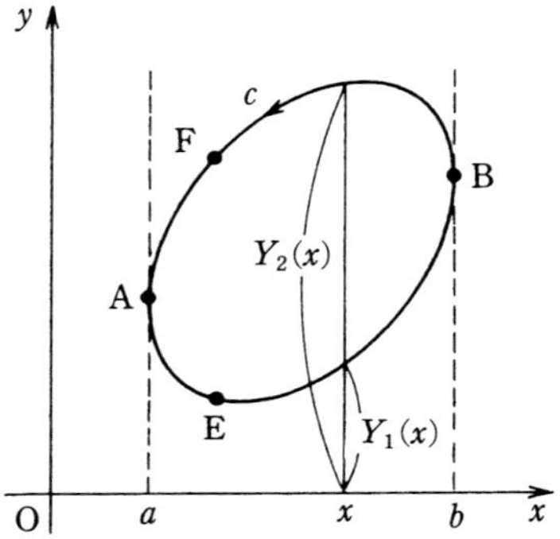

$$\iint_R \frac{\partial M}{\partial y} dx\, dy = \int_a^b \int_{Y_1(x)}^{Y_2(x)} \frac{\partial M}{\partial y} dy\, dx = \int_a^b \Big[M(x, y) \Big]_{y=Y_1(x)}^{y=Y_2(x)} dx$$

$$= \int_a^b \{ M(x, Y_2(x)) - M(x, Y_1(x)) \} dx$$

$$= \int_a^b M(x, Y_2(x))\, dx - \int_a^b M(x, Y_1(x))\, dx$$

$$= \int_{\mathrm{AFB}} M\, dx - \int_{\mathrm{AEB}} M\, dx = -\int_c M\, dx$$

$$\therefore \quad \iint_R \frac{\partial M}{\partial y} dx\, dy = -\int_c M\, dx \qquad \text{(a)}$$

同様にして，次の式が成り立つ．

$$\iint_R \frac{\partial N}{\partial x} dx\, dy = \int_c N\, dy \qquad \text{(b)}$$

(b)－(a)を作れば，

$$\iint_R \left(\frac{\partial N}{\partial x} - \frac{\partial M}{\partial y} \right) dx\, dy = \int_c (M\, dx + N\, dy)$$

となって，この場合に公式(4.1)が証明された．

閉曲線 c の形状が複雑な場合，たとえば図のような場合には，適当な曲線弧 ST で領域 R を分割し，上の条件を満たす2つの領域 R_1, R_2 に分ける．R_1, R_2 の境界をそれぞれ c_1, c_2 とし，反時計方向に向きをつける．さて，

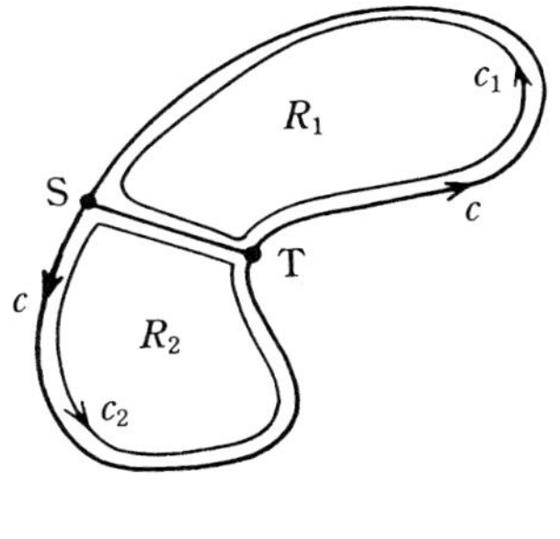

$$\int_{\mathrm{ST}} (M\, dx + N\, dy) = -\int_{\mathrm{TS}} (M\, dx + N\, dy)$$

であるから，

$$\int_c (M\ dx + N\ dy) = \int_{c_1} (M\ dx + N\ dy) + \int_{c_2} (M\ dx + N\ dy) \qquad \text{(c)}$$

$$\iint_R \left(\frac{\partial N}{\partial x} - \frac{\partial M}{\partial y} \right) dx\ dy$$

$$= \iint_{R_1} \left(\frac{\partial N}{\partial x} - \frac{\partial M}{\partial y} \right) dx\ dy + \iint_{R_2} \left(\frac{\partial N}{\partial x} - \frac{\partial M}{\partial y} \right) dx\ dy \qquad \text{(d)}$$

となる．ここで，R_1，R_2 について公式(4.1)を適用すれば，

$$\int_{c_1} (M\ dx + N\ dy) = \iint_{R_1} \left(\frac{\partial N}{\partial x} - \frac{\partial M}{\partial y} \right) dx\ dy$$

$$\int_{c_2} (M\ dx + N\ dy) = \iint_{R_2} \left(\frac{\partial N}{\partial x} - \frac{\partial M}{\partial y} \right) dx\ dy$$

となる．この 2 つの式を辺々加えて，(c)と(d)を利用すれば，

$$\int_c (M\ dx + N\ dy) = \int_{c_1} (M\ dx + N\ dy) + \int_{c_2} (M\ dx + N\ dy)$$

$$= \iint_{R_1} \left(\frac{\partial N}{\partial x} - \frac{\partial M}{\partial y} \right) dx\ dy + \iint_{R_2} \left(\frac{\partial N}{\partial x} - \frac{\partial M}{\partial y} \right) dx\ dy$$

$$= \iint_R \left(\frac{\partial N}{\partial x} - \frac{\partial M}{\partial y} \right) dx\ dy$$

となり，公式(4.1)を得る．さらに複雑な形状をした閉曲線 c についても，同様に(4.1)を証明できる． ◇

演習問題　解答と略解

演習問題　1-A

1．公式(3.6)(p.4)，(3.8)(p.5)を利用する．(1)　5　(2)　(11, 7, 1)　(3)　9　(4)　(8, −17, −14)

2．公式(4.6)(p.8)を利用する．(1)　$(2+t)\sin t-\cos t$
(2)　$(\cos t/t-\sin t\log t,\ \sin t/t+\cos t\log t,\ -(2+t)\cos t-\sin t)$

3．(1)　$(1+\pi/2)\boldsymbol{e}_1+(\pi^2/8)\boldsymbol{e}_2+\boldsymbol{e}_3$　(2)　$(e^2-e)\boldsymbol{e}_1+(2\log 2-1)\boldsymbol{e}_2+(7/3)\boldsymbol{e}_3$

4．(1),(2)　(4.6)(p.8)を利用する．(3)　(4.6)と$|\boldsymbol{u}\ \boldsymbol{v}\ \boldsymbol{w}|=\boldsymbol{u}\cdot(\boldsymbol{v}\times\boldsymbol{w})$を利用する．

演習問題　1-B

1．$\boldsymbol{a}$, $\boldsymbol{b}$, $\boldsymbol{a}-\boldsymbol{b}$を3辺とする三角形で余弦定理を利用する．

2．(1)　行列の積の行列式の公式$|AB|=|A||B|$を利用し，$|\boldsymbol{v}_1\ \boldsymbol{v}_2\ \boldsymbol{v}_3|=|a_{ij}|\times|\boldsymbol{u}_1\ \boldsymbol{u}_2\ \boldsymbol{u}_3|$を導き，これを利用する．

(2)　問(1)の結果を利用する．$\begin{vmatrix}1 & -2 & 1\\ 0 & 1 & -1\\ 2 & -1 & 5\end{vmatrix}\neq 0$を示して，$\{\boldsymbol{a}, \boldsymbol{b}, \boldsymbol{c}\}$は基底であることを証明する．

3．$\boldsymbol{u}_1$, $\boldsymbol{u}_2$, $\boldsymbol{u}_3$が1次独立であると仮定して，$\boldsymbol{u}_4=a_1\boldsymbol{u}_1+a_2\boldsymbol{u}_2+a_3\boldsymbol{u}_3$となるような数$a_1$, a_2, a_3が存在することを，連立1次方程式の性質を利用して証明する．

4．$a_1\boldsymbol{u}_1+a_2\boldsymbol{u}_2+a_3\boldsymbol{u}_3=0$と仮定し，この両辺とそれぞれ$\boldsymbol{u}_1$, $\boldsymbol{u}_2$, $\boldsymbol{u}_3$との内積を作って，$a_1=a_2=a_3=0$を導く．

5．$\boldsymbol{a}$と$\boldsymbol{b}$の作る角をθとし，$\|\boldsymbol{a}\times\boldsymbol{b}\|^2=\|\boldsymbol{a}\|^2\|\boldsymbol{b}\|^2\sin^2\theta$, $\sin^2\theta=1-\cos^2\theta$を利用する．

演習問題　2-A

1.　$s=\int_0^t \|\dot{\boldsymbol{x}}\|dt$ を計算する．

$$\boldsymbol{x}=\left(\frac{s}{\sqrt{3}}+1\right)\left(\cos\log\left(\frac{s}{\sqrt{3}}+1\right)\boldsymbol{e}_1+\sin\log\left(\frac{s}{\sqrt{3}}+1\right)\boldsymbol{e}_2+\boldsymbol{e}_3\right)$$

2.　$\|\boldsymbol{x}'\|=1$ を示す．

3.　$L=\int_0^\pi \|\dot{\boldsymbol{x}}\|dt=\sqrt{2}\sinh 2\pi$

4.　$\mathrm{P}=(2,\ -1,\ 2)$．P における接線は，$x_1-2=-x_2-1=(x_3-2)/2$．

$\mathrm{Q}=(1,\ 0,\ 0)$

5.　$\|\boldsymbol{x}''(s)\|=k=0$　∴　$\boldsymbol{x}''=\boldsymbol{0}$　∴　$\boldsymbol{x}=\boldsymbol{a}s+\boldsymbol{b}$　($\boldsymbol{a}$, $\boldsymbol{b}$ は定ベクトル)

6.　$\tau=0 \Longleftrightarrow \boldsymbol{b}'=\boldsymbol{0} \Longleftrightarrow \boldsymbol{b}$ は定ベクトル．

7.　(1)　接線：$x_1-1=-x_2/3$, $x_3=0$．法平面：$x_1-3x_2=1$．主法線：$x_1=1$, $x_2=0$．接触平面：$3x_1+x_2=3$．従法線：$(x_1-1)/3=x_2$, $x_3=0$．展直面：$x_3=0$

(2)　接線：$x_1-1=(x_2-1)/2=(x_3-1)/3$．法平面：$x_1+2x_2+3x_3=6$．主法線：$x_1=1$, $x_2-1=(x_3-1)/3$．接触平面：$3x_1-3x_2+x_3=1$．従法線：$(x_1-1)/3=-(x_2-1)/3=x_3-1$．展直平面：$11x_1+8x_2-9x_3=10$

8.　(6.4)(p.32)により，$k=d\theta/ds$, $\theta=\tan^{-1}(\dot{y}/\dot{x})$ を利用する．

9.　(6.4)(p.32)により，$k=d\theta/ds$, $\theta=\tan^{-1}f'$ を利用する．

10.　$k=-1/a$ とする．$\boldsymbol{n}'=\boldsymbol{t}/a=\boldsymbol{x}'/a$　∴　$(\boldsymbol{x}-a\boldsymbol{n})'=\boldsymbol{0}$　この式を利用する．

11.　(3.3)(p.23)と(3.5)(p.24)を利用する．

(1)　$k=\dfrac{(t^4+4t^2+1)^{1/2}}{(t^4+t^2+1)^{3/2}}$,　$\tau=\dfrac{2}{t^4+4t^2+1}$

(2)　$k=\dfrac{(1+4\sin^4(t/2))^{1/2}}{(1+4\sin^2(t/2))^{3/2}}$,　$\tau=\dfrac{1}{1+4\sin^4(t/2)}$

12.　フルネの公式(4.2)(p.27)を利用する．

13.　(7.3)(p.35)を利用する．　$\boldsymbol{x}^*=a\left\{\cos t-\left(\dfrac{C}{\sqrt{a^2+b^2}}-t\right)\sin t\right\}\boldsymbol{e}_1$

$$+a\left\{\sin t+\left(\frac{C}{\sqrt{a^2+b^2}}-t\right)\cos t\right\}\boldsymbol{e}_2+\frac{bC}{\sqrt{a^2+b^2}}\boldsymbol{e}_3$$

14.　(7.8)(p.36)を利用する．

$$\boldsymbol{x}^*=\{-6t^3-3t^2(2t^2+1)\tan(\sqrt{2}\tan^{-1}(\sqrt{2}t)-C)\}\boldsymbol{e}_1$$
$$+\{-6t^4+3t^2+3/2+3t(2t^2+1)\tan(\sqrt{2}\tan^{-1}(\sqrt{2}t)-C)\}\boldsymbol{e}_2$$

$+\{8t^3+3t-(3/2)(2t^2+1)\tan(\sqrt{2}\tan^{-1}(\sqrt{2}t)-C)\}\boldsymbol{e}_3$

演習問題　2-B

1.　この曲線が $x=x(t)$, $y=y(t)$, $z=z(t)$ で表されるとすれば，恒等式 $f(x(t), y(t), z(t))=0$, $g(x(t), y(t), z(t))=0$ が成り立つ．

接線：$\dfrac{X-x}{\begin{vmatrix} f_y & f_z \\ g_y & g_z \end{vmatrix}}=\dfrac{Y-y}{-\begin{vmatrix} f_x & f_z \\ g_x & g_z \end{vmatrix}}=\dfrac{Z-z}{\begin{vmatrix} f_x & f_y \\ g_x & g_y \end{vmatrix}}$.

法平面：$\begin{vmatrix} f_y & f_z \\ g_y & g_z \end{vmatrix}(X-x)-\begin{vmatrix} f_x & f_z \\ g_x & g_z \end{vmatrix}(Y-y)+\begin{vmatrix} f_x & f_y \\ g_x & g_y \end{vmatrix}(Z-z)=0$

2.　$\dot{\boldsymbol{x}}=(a, 2bt, 3t^2)$．直線 l の接ベクトルとして $\boldsymbol{a}=(1, 0, 1)$をとる．$(\dot{\boldsymbol{x}}\cdot\boldsymbol{a})/(\|\dot{\boldsymbol{x}}\|\|\dot{\boldsymbol{a}}\|)$を計算する．

3.　定方向を向く単位ベクトルを $\boldsymbol{a}$，一定な角を α とすると，$\boldsymbol{t}\cdot\boldsymbol{a}=\cos\alpha$ である．$\alpha=0$ のときには，c は直線であるから，$\alpha\neq 0$ とする．フルネの公式(p.27)を利用する．c 上の各点で $\boldsymbol{t}$ に垂直な単位ベクトル $\boldsymbol{b}^*(s)$があって，$\boldsymbol{a}=(\cos\alpha)\boldsymbol{t}+(\sin\alpha)\boldsymbol{b}^*$ となる．$\boldsymbol{n}^*=\boldsymbol{b}^*\times\boldsymbol{t}$ とおく．$\boldsymbol{t}\cdot\boldsymbol{a}=\cos\alpha$ を微分して $\boldsymbol{t}'\cdot(\boldsymbol{t}\cos\alpha+\boldsymbol{b}^*\sin\alpha)=0$．よって，$\boldsymbol{t}'\cdot\boldsymbol{b}^*=0$．ゆえに，$\boldsymbol{n}=\boldsymbol{n}^*$, $\boldsymbol{b}=\boldsymbol{b}^*$ であると考えられる．$\boldsymbol{0}=\boldsymbol{a}'=\boldsymbol{t}'\cos\alpha+\boldsymbol{b}'\sin\alpha=k\boldsymbol{n}\cos\alpha-\tau\boldsymbol{n}\sin\alpha$．$\therefore$　$\tau/k=\cot\alpha$

4.　$k=\tau$ を示す．

5.　(1)　曲線 c：$\boldsymbol{x}=\boldsymbol{x}(s)$が球面 $\|\boldsymbol{x}-\boldsymbol{y}_0\|=a$ 上にあれば，$(\boldsymbol{x}(s)-\boldsymbol{y}_0)\cdot(\boldsymbol{x}(s)-\boldsymbol{y}_0)=a^2$，微分して，$(\boldsymbol{x}-\boldsymbol{y}_0)\cdot\boldsymbol{t}=0$．さらに微分して，$(\boldsymbol{x}-\boldsymbol{y}_0)\cdot\boldsymbol{n}=\rho$．これを微分して，$(\boldsymbol{x}-\boldsymbol{y}_0)\cdot(-k\boldsymbol{t}+\tau\boldsymbol{b})=\rho'$．ゆえに，$\boldsymbol{x}-\boldsymbol{y}_0=-\rho\boldsymbol{n}+\dfrac{\rho'}{\tau}\boldsymbol{b}$．$\therefore$　$\rho^2+\left(\dfrac{\rho'}{\tau}\right)^2=a^2$．　(2)　問(1)の等式の両辺を微分せよ．

6.　(7.3)(p.34)を微分して，(3.3)(p.23)を利用する．

7.　$\dfrac{a}{a^2+b^2}=k$, $\dfrac{b}{a^2+b^2}=\tau$　$(a>0)$　となる a, b を求め，$\boldsymbol{x}=(a\cos\theta, a\sin\theta, b\theta)$ で表される常ら線を $\tilde{c}$ とする．定理2.13(p.30)によって，与えられた曲線は $\tilde{c}$ と合同であることを主張する．

演習問題　3-A

1.　$\boldsymbol{x}=(x, y, f(x, y))$, $\boldsymbol{x}_x=(1, 0, f_x)$, $\boldsymbol{x}_y=(0, 1, f_y)$　$\therefore$　$\boldsymbol{x}_x\times\boldsymbol{x}_y=$

$(-f_x,\ -f_y,\ 1)\neq\mathbf{0}$. ゆえに，$\boldsymbol{x}=(x,\ y,\ f(x,\ y))$は局所曲面を与える．

2．(1)　$E=1+f_x{}^2$，$F=f_xf_y$，$G=1+f_y{}^2$

(2)　$N=\dfrac{\boldsymbol{x}_x\times\boldsymbol{x}_y}{\|\boldsymbol{x}_x\times\boldsymbol{x}_y\|}=\dfrac{1}{1+f_x{}^2+f_y{}^2}(-f_x,\ -f_y,\ 1)$．$\boldsymbol{x}_{xx}=(0,\ 0,\ f_{xx})$，

$\boldsymbol{x}_{xy}=(0,\ 0,\ f_{xy})$，$\boldsymbol{x}_{yy}=(0,\ 0,\ f_{yy})$　$\therefore$　$L=\dfrac{r}{\sqrt{1+p^2+q^2}}$，$M=$

$\dfrac{s}{\sqrt{1+p^2+q^2}}$，$N=\dfrac{t}{\sqrt{1+p^2+q^2}}$．ただし，$p=f_x$，$q=f_y$，$r=f_{xx}$，$s=f_{xy}$，$t=f_{yy}$

3．上の問題2によって，$\sqrt{EG-F^2}=\sqrt{1+f_x{}^2+f_y{}^2}$．これを利用する．

4．例題3.5(p.53)によって $E=(b+a\sin\phi)^2$，$F=0$，$G=a^2$．$\boldsymbol{N}=(-\cos\theta\sin\phi,$ $-\sin\theta\sin\phi,\ \cos\phi)$．$\boldsymbol{x}_{\theta\theta}=(-(b+a\sin\phi)\cos\theta,\ -(b+a\sin\phi)\sin\theta,\ 0)$，$\boldsymbol{x}_{\theta\phi}$ $=(-a\cos\phi\sin\theta,\ a\cos\phi\cos\theta,\ 0)$，$\boldsymbol{x}_{\phi\phi}=(-a\sin\phi\cos\theta,\ -a\sin\phi\sin\theta,\ -b$ $\cos\phi)$　(1)　$L=(a+b\sin\phi)\sin\phi$，$\boldsymbol{M}=0$，$\boldsymbol{N}=a$　(2)　$K=\dfrac{LN-M^2}{EG-F^2}=$

$\dfrac{\sin\phi}{a(b+a\sin\phi)}$　(3)　楕円点は $0<\phi<\pi$ となる点$(\theta,\ \phi)$である．双曲点は $\pi<$ $\phi<2\pi$ となる点$(\theta,\ \phi)$である．放物点は $\phi=0$ または $\phi=\pi$ となる点$(\theta,\ \phi)$である．　(4)　$H=\dfrac{EN-2FM+GL}{2(EG-F^2)}=\dfrac{1}{2}\left(\dfrac{\sin\phi}{b+a\sin\phi}+\dfrac{1}{a}\right)$

(5)　$k_1k_2=K$，$k_1+k_2=2H$ であるから，$k_1=\dfrac{\sin\phi}{b+a\sin\phi}$，$k_2=\dfrac{1}{a}$

5．$\boldsymbol{x}_u=(\cos v,\ \sin v,\ 0)$，$\boldsymbol{x}_v=(-u\sin v,\ u\cos v,\ a)$，$\boldsymbol{N}=\dfrac{1}{\sqrt{u^2+a^2}}(a\sin v,$ $-a\cos v,\ u)$，$\boldsymbol{x}_{uu}=(0,\ 0,\ 0)$，$\boldsymbol{x}_{uv}=(-\sin v,\ \cos v,\ 0)$，$\boldsymbol{x}_{vv}=(-u\cos v,$ $-u\sin v,\ 0)$　(1)　$E=1$，$F=0$，$G=u^2+a^2$　(2)　$L=0$，$M=$ $-\dfrac{a}{\sqrt{u^2+a^2}}$，$N=0$　(3)　$K=\dfrac{LN-M^2}{EG-F^2}=-\dfrac{a^2}{(u^2+a^2)^2}$　(4)　$H=$ $\dfrac{EN-2FM+GL}{2(EG-F^2)}=0$　(5)　$K=k_1k_2$，$H=\dfrac{1}{2}(k_1+k_2)$であるから，$k_1=$ $\dfrac{a}{(u^2+a^2)}$，$k_2=-\dfrac{a}{(u^2+a^2)}$

6．$\boldsymbol{x}_u=(1,\ 1,\ 2u)$，$\boldsymbol{x}_v=(1,\ -1,\ 2v)$，$\boldsymbol{N}=(u+v,\ u-v,$ $-1)/\sqrt{2u^2+2v^2+1}$，$\boldsymbol{x}_{uu}=(0,\ 0,\ 2)$，$\boldsymbol{x}_{uv}=\mathbf{0}$，$\boldsymbol{x}_{vv}=(0,\ 0,\ 2)$

(1)　$E=2+4u^2$，$F=4uv$，$G=2+4v^2$　(2)　$L=-2/\sqrt{2u^2+2v^2+1}$，$M=0$，

$N=-2/\sqrt{2u^2+2v^2+1}$　　(3)　$K=1/(2u^2+2v^2+1)^2$

(4)　$H=-(u^2+v^2+1)/(2u^2+2v^2+1)^{3/2}$

7．$\boldsymbol{x}_u=(a\cos u\cos v,\ b\cos u\sin v,\ -c\sin u)$，$\boldsymbol{x}_v=(-a\sin u\sin v,\ b\sin u\times\cos v,\ 0)$　∴　$\boldsymbol{N}=(bc\sin u\cos v,\ ac\sin u\sin v,\ ab\cos u)/\sqrt{g}$．ただし，$g=EG-F^2>0$．　$\boldsymbol{x}_{uu}=(-a\sin u\cos v,\ -b\sin u\sin v,\ -c\cos u)$，　$\boldsymbol{x}_{uv}=(-a\cos u\sin v,\ b\cos u\cos v,\ 0)$，$\boldsymbol{x}_{vv}=(-a\sin u\cos v,\ -b\sin u\sin v,\ 0)$　∴　$L=-abc\sin u/\sqrt{g}$，$M=0$，$N=-abc\sin^3 u/\sqrt{g}$　∴　$gK=(a^2b^2c^2\sin^4 u)>0$　∴$K>0$．

演習問題　3-B

1．$H=0$ であるから，$ff''=g'^2=1-f'^2$（∵　$f'^2+g'^2=1$）．∴　$(ff')'=f'^2+ff''=1$　∴　$\dfrac{1}{2}(f^2)'=ff'=s+c$　∴　$f^2=s^2+2cs+d$　∴　$f=\sqrt{s^2+2cs+d}$　（c，d は定数）　∴　$g'=\pm\sqrt{1-f'^2}=\pm\sqrt{\dfrac{d-c^2}{s^2+2cs+d}}$．特に，$c=0$，$d=a^2$（$a>0$）とすれば，$f(s)=\sqrt{s^2+a^2}$，$g(s)=\pm a\sinh^{-1}\dfrac{s}{a}$．そこで，$x_1=\sqrt{s^2+a^2}$，$x_3=\pm a\sinh^{-1}\dfrac{s}{a}$ から s を消去すると，$x_1=a\cosh\dfrac{x_3}{a}$．この曲線は**懸垂線**とよばれている．

2．恒等式 $\boldsymbol{x}(u,\ v)=\boldsymbol{x}^*(\theta(u,\ v),\ \phi(u,\ v))$ が成り立つ．両辺を微分して，$\boldsymbol{x}_u=\boldsymbol{x}^*_\theta\dfrac{\partial\theta}{\partial u}+\boldsymbol{x}^*_\phi\dfrac{\partial\phi}{\partial u}$，　$\boldsymbol{x}_v=\boldsymbol{x}^*_\theta\dfrac{\partial\theta}{\partial v}+\boldsymbol{x}^*_\phi\dfrac{\partial\phi}{\partial v}$　∴　$\boldsymbol{x}_u\times\boldsymbol{x}_v=\dfrac{\partial(\theta,\ \phi)}{\partial(u,\ v)}\boldsymbol{x}^*_\theta\times\boldsymbol{x}^*_\phi$　∴　$\dfrac{\partial(\theta,\ \phi)}{\partial(u,\ v)}\neq 0$

3．(4.2) (p.54) によれば，$d\fallingdotseq\dfrac{1}{2}\{L(du)^2+2M\,du\,dv+N(dv)^2\}$．ここで，$d$ を点Pでの接平面とこれに平行な平面の距離とすれば，この方程式は切口の曲線を近似する方程式である．2次曲線についての定理により，$LN-M^2>0$ ならばこの曲線は楕円であり，$LN-M^2<0$ ならばこの曲線は双曲線である．

4．上の問題2によれば，$E=1+p^2$，$F=pq$，$G=1+q^2$，$L=r/\sqrt{1+p^2+q^2}$，$M=s/\sqrt{1+p^2+q^2}$，$N=t/\sqrt{1+p^2+q^2}$．ゆえに，(5.17) (p.66) によって，$H=0$ は次の式と同値である．

$$(1+p^2)t-2pqs+(1+q^2)r=0$$

$$\therefore\quad \frac{\partial}{\partial x_1}\left(\frac{p}{\sqrt{1+p^2+q^2}}\right)+\frac{\partial}{\partial x_2}\left(\frac{q}{\sqrt{1+p^2+q^2}}\right)=0$$

演習問題　4-A

1．(4.3) (p.93) を利用する．

2．$\dfrac{du^\alpha}{ds}=\dfrac{du^\alpha}{dt}\dfrac{dt}{ds}$，$\dfrac{d^2u^\alpha}{ds^2}=\dfrac{d^2u^\alpha}{dt^2}\left(\dfrac{dt}{ds}\right)^2+\dfrac{du^\alpha}{dt}\dfrac{d^2t}{ds^2}$ を (4.6) (p.95) に代入する．

3．$\sum_\beta g_{\alpha\beta}g^{\gamma\beta}=\delta_\alpha^\gamma$ を利用する．

4．例題4.5の (2.9) (p.90) を利用する．

5．ワインガルテンの方程式 (1.4) (p.85) を利用する．$\boldsymbol{N}_u\times\boldsymbol{N}_v=(h_1{}^1\boldsymbol{x}_u+h_1{}^2\boldsymbol{x}_v)\times(h_2{}^1\boldsymbol{x}_u+h_2{}^2\boldsymbol{x}_v)=\det(h_\beta{}^\alpha)\,\boldsymbol{x}_u\times\boldsymbol{x}_v$，$\det(h_\beta{}^\alpha)=K$ を利用する．

演習問題　4-B

1．(1.2) (p.84) を書き直す．

2．$E=1+p^2$，$F=pq$，$G=1+q^2$ と上の問題 1 を利用する．

演習問題　5-A

1．(i)　点Pから出発して点Qで交わる測地線が 2 つあれば，測地二角形 R ができる．その頂角を A，B とすれば，$A>0$，$B>0$ である．さて，$K\leqq 0$ であるから，$\iint_R K\,d\sigma\leqq 0$，$A+B>0$ である．このことは (4.13) と矛盾する．(ii)，(iii)　問 (i) とほぼ同じである．

2．$\chi(S)=2$ と (4.10) (p.123) を利用する．

3．$\chi(S)=0$ と (4.10) (p.123) を利用する．

演習問題　5-B

1．dz' を計算し，$\dfrac{4dz'\,d\bar{z}'}{(z'-\bar{z}')^2}=\dfrac{4dz\,d\bar{z}}{(z-\bar{z})^2}$ であることを示す．

2．双曲的非ユークリッド平面 $(M,\ ds^2)$ (p.115) の測地線が変換 (3.20) (p.116) によって $(D,\ d\tilde{s}^2)$ の測地線に移ることを利用せよ．

参　考　書

微分幾何を勉強するための参考書のうち比較的に入手しやすいものを列挙した．なお，さらに進んで勉強する方のために，リーマン幾何，多様体についての著書を二，三挙げた．

微分幾何	大槻富之助	朝倉書店
曲面の数学	長野　正	培風館
初等微分幾何学	佐々木重夫	広川書店
微分幾何学概説	安達忠次	培風館
微分幾何学入門	岩田至康	槇木書店
曲線と曲面の微分幾何	小林昭七	裳華房
微分幾何	高松吉郎	裳華房
幾何学概論	石原　繁	共立出版
現代微分幾何入門	野水克己	裳華房
リーマン幾何学	立花俊一	朝倉書店
初等リーマン幾何	石原　繁	森北出版
多様体の微分幾何学	丹野修一	実教出版
多様体入門	松島与三	裳華房
多様体	村上信吾	共立出版
多様体	滝沢精二	筑摩書房

索　　引

た　行

な　行

は　行

著 者 略 歴

石原　繁（いしはら　しげる）故人
1945年　東北帝国大学理学部数学教室卒業
1968年　東京工業大学教授
　　　　東京工業大学名誉教授，理学博士

竹村　由也（たけむら　よしや）
1974年　東京工業大学理工学研究科修士課程修了
1975年　山梨大学教育学部講師
1980年　山梨大学教育学部助教授
1998年　山梨大学教育人間科学部助教授
〜
2001年

微分幾何

1987年12月26日　第1版第1刷発行
2006年12月20日　第1版第9刷発行

著者／石原　繁・竹村由也
発行者／森北　肇
印刷／加藤文明社
製本／協栄製本

定価はカバーに
表示してあります

発行所／森北出版株式会社
東京都千代田区富士見1-4-11　〒102-0071
電話03-3265-8341（代表）
FAX03-3264-8709
日本書籍出版協会・自然科学書協会・工学書協会
土木／建築書協会　会員

ISBN 4-627-08070-0

Printed in Japan

微分幾何［POD版］

2016年4月25日　発行

著　者　石原　繁・竹村　由也

発行者　森北　博巳

発　行　森北出版株式会社
〒102-0071
東京都千代田区富士見1-4-11
TEL　03-3265-8341　FAX　03-3264-8709
http://www.morikita.co.jp/

印刷・製本　株式会社オーピーエス
〒221-0021
神奈川県横浜市神奈川区子安通2-215

ISBN978-4-627-08079-9　Printed in Japan